工业和信息化职业教育"十三五"规划教材

数控加工工艺与编程实例

主　编　王　兵

副主编　廖　斌　胡　农　刘成耀

参　编　李文渊　毛江华　刘莉玲　夏祖权

　　　　杨　东　叶广明　段红云　徐家兵

　　　　蔡伍军　曾　艳　王　平

审　稿　付大春　邱言龙

电子工业出版社

Publishing House of Electronics Industry

北京·BEIJING

内 容 简 介

本书是根据数控技术领域职业岗位的要求，以"工学结合"为切入点，以"工作任务"为导向，模拟"职业岗位情境"开发的理论与实践一体化的项目式教材。

本书共 3 章，内容包括数控预备知识、数控车床的加工工艺与编程实例、数控铣床的加工工艺与编程实例。本书可作为各类职业院校数控、模具以及机电一体化专业教材，又适合作为数控类准入的培训用书，还可作为相关专业技术工人自学教材。

图书在版编目（CIP）数据

数控加工工艺与编程实例 / 王兵主编. —北京：电子工业出版社，2016.7
ISBN 978-7-121-29376-4

Ⅰ. ①数…　　Ⅱ. ①王…　　Ⅲ. ①数控机床－加工　②数控机床－程序设计　　Ⅳ. ①TG659

中国版本图书馆 CIP 数据核字（2016）第 159488 号

策划编辑：白　楠
责任编辑：张　慧
印　　刷：北京七彩京通数码快印有限公司
装　　订：北京七彩京通数码快印有限公司
出版发行：电子工业出版社
　　　　　北京市海淀区万寿路 173 信箱　邮编　100036
开　　本：787×1 092　1/16　印张：17.25　字数：442 千字
版　　次：2016 年 7 月第 1 版
印　　次：2025 年 2 月第 10 次印刷
定　　价：35.00 元

凡所购买电子工业出版社图书有缺损问题，请向购买书店调换。若书店售缺，请与本社发行部联系，联系及邮购电话：（010）88254888，88258888。

质量投诉请发邮件至 zlts@phei.com.cn，盗版侵权举报请发邮件至 dbqq@phei.com.cn。

本书咨询联系方式：010-88254592，bain@phei.com.cn。

前　　言

　　数控机床是现代工业的重要技术设备，也是先进制造技术的基础设备，其应用水平的高低已成为衡量一个国家制造业综合实力的重要标志。为此，数控技术的教学与人才培养更应强调其实用性、先进性和可操作性。为了适应我国职业技术教育发展及应用型技术人才培养的需要，本书根据数控技术领域职业岗位的要求，以"工学结合"为切入点，以"工作任务"为导向，模拟"职业岗位情境"开发，具有以下特点。

　　（1）以能力为本位，准确定位目标。

　　从职业活动的实际需要出发来组织教学，打破了以学科为中心的教学方式，不强调知识的系统性与完整性。运用简洁的语言，让学生看得明白，易学，能掌握。

　　（2）以工作岗位为依据，构建教材体系。

　　不刻意向其他学科扩展，教学内容本体化，实现专业教材与工作岗位的有机对接，变学科式学习为岗位式学习环境，增强了教材的适用性，使教材的使用更加方便、灵活。

　　（3）以工作任务为线索，组织教材内容。

　　以一个个工作任务整合相应的知识、技能，实现了理论与实践的统一，同时摒弃了繁、难、旧等理论知识，进一步加强了技能方面的训练。

　　（4）以典型零件为载体，体现行业发展。

　　引入典型零件的生产过程，使本书反映新技术在行业中的应用。另外，采用最新的国家标准，充实新知识、新技术、新工艺和新方法等，力求反映机械行业发展的现状与趋势。

　　本书由王兵任主编，廖斌、胡农、刘成耀任副主编，参加编写的还有李文渊、毛江华、刘莉玲、夏祖权、杨东、叶广明、段红云、徐家兵、蔡伍军、曾艳、王平。全书由王兵统稿，付大春、邱言龙审稿，付大春任主审。

　　由于编者水平有限，书中不妥之处在所难免，敬请广大读者批评指正。

编　者

目　　录

数控加工工艺与编程实例

第1章　数控预备知识

项目1　识　　图

正确、熟练地识读零件图，是技术人员必须掌握的基本功，也是生产合格产品的基础。

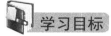学习目标

◇ 了解零件图识读的目的。
◇ 掌握零件图识读的步骤。
◇ 了解轴、套和盘类零件的组成与作用。
◇ 能识读如图1-2、图1-5、图1-7所示的零件图。

任务1　识读轴类零件图

1. 识读零件图的基本知识

1）识读零件图的目的

识读零件图，就是要根据零件图想象出零件的结构形状，同时弄清零件在机器中的作用、零件的自然概况、尺寸类别、尺寸基准和技术要求等，以便在制造零件时采用合理的加工方法。

2）识读零件图的步骤

（1）看标题栏。通过看标题栏了解零件的概貌。从标题栏中可以了解到零件的名称、材料、绘图比例等，结合对全图的浏览，可对零件有个初步的认识。在可能的情况下，还应搞清楚零件在机器中的作用以及与其他零件的关系。

（2）看各视图。看视图分析表达方案，想象整体形状。看视图时应首先找到主视图，围绕主视图，再根据投影规律去分析其他各视图。要分析零件的类别和它的结构组成，应按"先大后小、先外后内、先粗后细"的顺序，有条不紊地识读。

（3）看尺寸标注。看尺寸标注，明确各部位结构尺寸的大小。看尺寸时，首先要找出长、宽、高三个方向的尺寸基准，然后从基准出发，按形体分析法找出各组成部位的定形、定位尺寸，深入了解基准之间、尺寸之间的相互关系。

（4）看技术要求。看技术要求，全面掌握质量指标。分析零件图上所标注的公差、极限与配合、表面结构、热处理等要求。

通过上述分析，对所分析的零件，即可获得全面的技术资料，从而真正看懂所看的零件图。

1

2. 轴类零件的功用和结构特点

1）轴类零件的组成和各部分的作用

轴类零件是机器中经常遇到的典型零件之一。它主要用来支承传动零部件，传递扭矩和承受载荷。轴类零件是旋转体零件，其长度大于直径。轴类零件一般由外圆柱面、台阶、端面、沟槽、倒角、圆弧内孔和螺纹等部分组成，如图1-1所示。

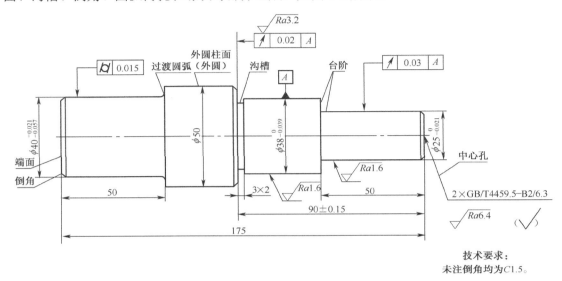

图1-1　台阶轴

（1）外圆柱面。外圆柱面一般用于支承传动工件（齿轮、带轮等）和传递扭矩。

（2）台阶和端面。台阶和端面一般用来确定安装在轴上工件的轴向位置。

（3）沟槽。沟槽的作用是使磨削外圆或车螺纹时退刀方便，并可使工件在装配时有一个正确的轴向位置。

（4）倒角。倒角的作用一方面是防止工件边缘锋利划伤工人，另一方面是便于在轴上安装其他零件，如齿轮、轴套等。

2）轴类零件的技术作用

轴的精度和表面质量一般要求较高，其技术要求一般根据轴的主要功用和工作条件制定，通常有以下几项：

（1）尺寸精度。起支承作用的轴颈为了确定轴的位置，通常对其尺寸精度要求较高（IT5～IT7）。装配传动件的轴颈尺寸精度一般要求较低（IT6～IT9）。

（2）几何形状精度。轴类零件的几何形状精度主要是指轴颈、外锥面、莫氏锥孔等的圆度、圆柱度等，一般应将其公差限制在尺寸公差范围内。对精度要求较高的内外圆表面，应在图纸上标注其允许偏差。

（3）相互位置精度。轴类零件的位置精度要求主要是由轴在机械中的位置和功用决定的。通常应保证装配传动件的轴颈对支承轴颈的同轴度要求，否则会影响传动件（齿轮等）的传动精度，并产生噪声。普通精度的轴，其配合轴段对支承轴颈的径向跳动一般为0.01～0.03mm，高精度轴（如主轴）通常为 0.001～0.005mm。

（4）表面粗糙度。一般与传动件相配合的轴径表面粗糙度为 $Ra2.5～0.63\mu m$，与轴承相配合的支承轴径的表面粗糙度为 $Ra0.63～0.16\mu m$。

3）轴类零件的毛坯和材料

（1）轴类零件的毛坯。轴类零件可根据使用要求、生产类型、设备条件及结构，选用棒料、锻件等毛坯形式。对于外圆直径相差不大的轴，一般以棒料为主；而对于外圆直径相差大的阶梯轴或重要的轴，常选用锻件，这样既节约材料又减少机械加工的工作量，还可改善机械性能。

根据生产规模的不同，毛坯的锻造方式有自由锻和模锻两种。中小批生产多采用自由锻，大批大量生产时采用模锻。

（2）轴类零件的材料。轴类零件应根据不同的工作条件和使用要求选用不同的材料并采用不同的热处理规范（如调质、正火、淬火等），以获得一定的强度、韧性和耐磨性。

45# 钢是轴类零件的常用材料，它价格便宜，经过调质（或正火）后，可得到较好的切削性能，而且能获得较高的强度和韧性等综合机械性能，淬火后其表面硬度可达 45～52HRC。

40Cr 等合金结构钢适用于中等精度而转速较高的轴类零件，这类钢经调质和淬火后，具有较好的综合机械性能。

轴承钢 GCr15 和弹簧钢 65Mn，经调质和表面高频淬火后，其表面硬度可达 50～58HRC，并具有较高的耐疲劳性能和较好的耐磨性能，可制造较高精度的轴。

精密机床的主轴（例如磨床砂轮架、坐标镗床主轴）可选用 38CrMoAlA 氮化钢。这种钢经调质和表面氮化后，不仅能获得很高的表面硬度，而且能保持较软的芯部，因此耐冲击、韧性好。与渗碳淬火钢比较，它有热处理变形很小、硬度更高的特性。

3. 识读轴类零件图

轴类零件识读示例图样如图 1-2 所示。

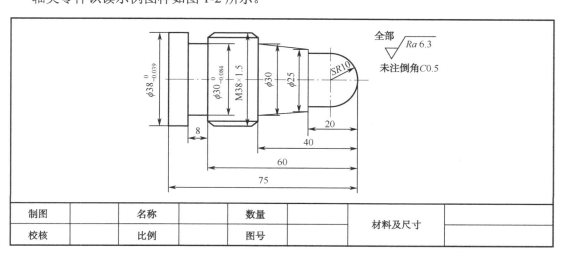

制图		名称		数量		材料及尺寸	
校核		比例		图号			

图 1-2　轴类零件识读示例图样

该零件从以下几个方面识读：

（1）分析视图。轴类零件一般为回转体零件，按加工位置水平放置，采用一个主视图来表达各轴段的形状特征即可。

（2）看标题栏。由标题栏可知零件名称、材料和绘图比例。

（3）看零件外形结构组成。该零件包含外圆柱面、沟槽、螺纹、锥面、圆弧等表面，因此在加工时选择的刀具有外圆车刀、沟槽刀、螺纹车刀等。轴类零件立体图形如图 1-3 所示。

图 1-3　轴类零件立体图形

（4）看尺寸标注。该零件在加工和测量径向尺寸时，均以轴线为基准，长度基准为右端。如图 1-2 中 20、40、60、75 等尺寸，均从右端注起，因此，加工时应选择右端面和轴线交点为坐标原点。同时，除外圆 ϕ38mm 和沟槽底径 ϕ30mm 有一定的精度要求外，其余尺寸的加工精度要求均不高。

（5）看技术要求。该零件没有形状公差要求，且加工表面粗糙度 Ra 值为 6.3μm。要求不高，因而加工时切削用量的选择可大些。另外，各端面的倒角均为 C0.5（即锐边倒棱）。

任务 2　识读套类零件图

1. 套类零件的结构组成与特点

1）结构组成

由同一轴线的内孔和外圆为主或外表面由其他结构（如齿、槽等）组成的零件统称为套类零件，如图 1-4 所示的轴承套。

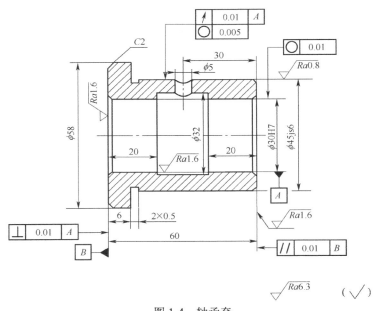

图 1-4　轴承套

2）特点

（1）受力特点。套类零件主要作为旋转零件的支承，在工作中承受进给力和背向力。床主轴的轴承孔、床尾套筒孔、齿轮和带轮孔等。

（2）车削加工的主要特点。车削套类零件要比轴类零件困难得多，套类零件的车削工艺主要是指对工件是圆柱孔和加工工艺。其加工特点有以下几点：

① 孔加工要在工件内部进行，切削情况看不清楚，观察、测量较为困难，尤其是对深度较深、孔径较小的孔的加工。

② 车孔时，刀杆受孔直径和深度的影响，刀具结构复杂，刀杆尺寸较细、较长，从而降低了刀杆的强度和刚性。

③ 由于零件在内部进行加工，切屑不易排出且易拉毛加工表面，切削液不容易进入切削区域内，因而对刀具的要求较高。

④ 有些套类零件的壁厚较薄，受夹紧力、切削力的作用，易产生变形。

2．套类零件的技术作用

套类零件与轴配合，其孔的要求较高，尺寸精度为IT7～IT8级，表面粗糙度 Ra 值可达0.8～1.6μm，有些套类零件还有形状和位置公差要求。具体来说，套类零件的技术精度有下列几项：

（1）孔的位置精度。同轴度、平行度、垂直度、径向圆跳动和端面圆跳动等。

（2）孔的尺寸精度。孔径和孔深的尺寸精度。

（3）孔的形状精度。如圆度、圆柱度、直线度等。

（4）表面粗糙度。要达到哪一级的表面粗糙度，一般按加工图样上的规定。

3．零件图识读

套类零件识读示例图样如图1-5所示。

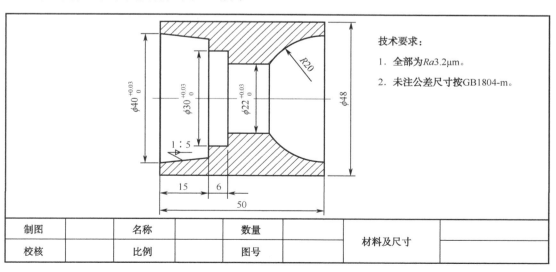

图1-5 套类零件识读示例图样

该零件从以下几个方面识读：

（1）分析视图。零件按加工位置水平放置，采用一个全剖视图来表达内部的形状特征。

（2）看标题栏。由标题栏可知零件名称、材料和绘图比例。

图 1-6　套类零件立体图形

（3）看零件结构组成。该零件包含外圆柱面、直槽、锥面、内圆弧等表面，因此在加工时选择的刀具有外圆车刀、内孔车刀等。套类零件立体图形如图 1-6 所示。

（4）看尺寸标注。该零件在加工和测量径向尺寸时，均以轴线为基准，长度基准为左端。如图 1-5 中 15、6、50 等尺寸，均从左端注起，因此，加工时应选择左端面和轴线交点为坐标原点。

ϕ48mm、ϕ30mm、ϕ22mm 有一定的精度要求，其余尺寸的加工精度要求均不高。

（5）看技术要求。该零件没有形状公差要求，且加工表面粗糙度 Ra 值为 3.2μm。要求不高，因而加工时切削用量的选择可大些，但内圆弧应分多刀进给完成。

任务 3　识读盘箱体类零件图

1. 零件的功用及结构特点

（1）盘类零件。盘类零件在机器中主要起支承、连接作用。

盘类零件主要由端面、外圆、内孔等组成，一般零件直径大于零件的轴向尺寸。盘类零件往往对支承用端面有较高平面度及轴向尺寸精度及两端面平行度要求；对转接作用中的内孔等有与平面的垂直度要求，外圆、内孔间的同轴度要求等。

（2）箱体类零件。箱体类是机器或部件的基础零件，它将机器或部件中的轴、套、齿轮等有关零件组装成一个整体，使它们之间保持正确的相互位置，并按照一定的传动关系协调地传递运动或动力。

箱体的结构形式虽然多种多样，但仍有共同的主要特点：形状复杂、壁薄且不均匀，内部呈腔形，加工部位多，加工难度大，既有精度要求较高的孔系和平面，也有许多精度要求较低的紧固孔。因此，一般中型机床制造厂用于箱体类零件的机械加工劳动量占整个产品加工量的 15%～20%。

2. 零件图识读

盘类零件识读示例图样如图 1-7 所示。

该零件从下面几个方面识读。

（1）分析视图。该零件结构相对简单，按加工位置轴线水平放置，采用一个主视图来表达各段的形状特征即可。

（2）看标题栏。由标题栏可知零件名称、材料和绘图比例。

（3）看零件外形结构组成。该零件包含外圆柱面、台阶、端面、内圆柱面等表面，因此在加工时选择的刀具有外圆车刀、内孔车刀等。盘类零件立体图形如图 1-8 所示。

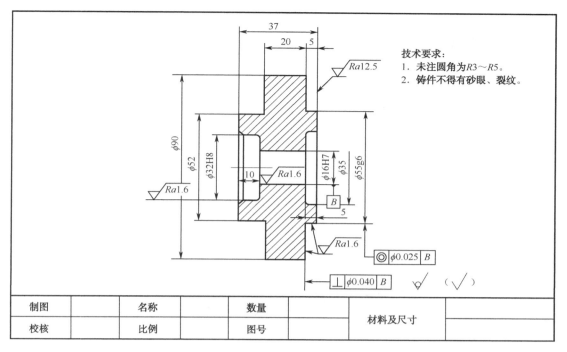

制图		名称		数量		材料及尺寸	
校核		比例		图号			

图 1-7　盘类零件识读示例图样

（4）看尺寸标注。该零件在加工和测量径向尺寸时，均以轴线为基准，轴向尺寸以右端较大的端面为基准。但零件左侧也有台阶、端面和台阶孔。因此，端盖在加工时有两个坐标原点，即左侧端面与轴线的交点和右侧端面与轴线的交点。

（5）看技术要求。端盖的配合共有三处，即 $\phi32H8$、$\phi16H7$、$\phi55g6$；机加工表面有表面结构要求均标注在图形上，其余非加工面统一注在标题栏旁边；右侧较大的端面相对于 $\phi16H7$ 轴线的垂直度公差要求，$\phi55g6$ 轴线对 $\phi16H7$ 轴线有同轴度公差要求。零件图中还注明了两条技术要求：未注圆角为 $R3\sim R5$；铸件不得有砂眼、裂纹。

图 1-8　盘类零件立体图形

项目 2　认识数控机床和刀具

![学习目标]

　　◇　了解数控加工原理。
　　◇　了解数控机床的分类，并掌握数控机床的组成及各部分的作用。
　　◇　了解数控加工技术的发展。
　　◇　了解数控刀具的类型与使用。
　　◇　了解自动换刀装置与工具系统。

任务 1 认识数控车床和车削用刀具

1. 认识数控车床

数控车床如图 1-9 所示，它是集通用性好的万能型车床、加工精度高的精密型车床和加工效率高的专用型普通车床特点于一身，以数字量作为指令的信息形式，通过数字逻辑电路或计算机控制的一种机床，在生产加工中应用最为广泛，占数控机床总数的 25%左右。

图 1-9　数控车床

1）数控车床的组成

数控车床一般由数控装置、伺服系统和机床本体组成，如图 1-10 所示。

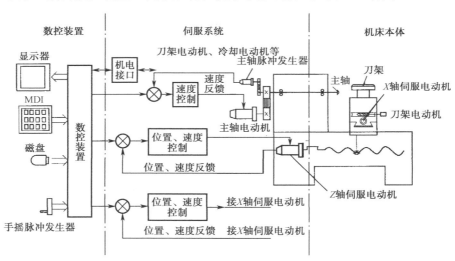

图 1-10　数控车床结构示意图

（1）数控装置。数控装置是数控车床的核心部位。它的功能是接收载体送来的加工信息，经计算和处理后去控制数控车床的动作。它由硬件和软件组成。硬件除计算机外，其外围设备主要包括显示器、键盘、操作面板、机床接口等。显示器供显示和监控用；键盘用于输入操作命令及编辑、修改程序段，也可输入零件加工程序；操作面板供操作人员改变操作方式、输入整定数据、启停加工等；机床接口是计算机和机床之间联系的桥梁，用于两者间的信息变换、传递。软件由管理软件和控制软件组成。管理软件主要包括输入/输出、显示、诊断等程序；控制软件包括译码、刀具补偿、速度控制、插补运算、位置控制等程序。

（2）伺服系统。它是数控系统的执行部分，包括驱动机构和机床移动部件，它接收数控装置发来的各种动作命令，驱动机床移动部件运动。伺服电动机可以是步进电动机、电液电动机、直流伺服电动机或交流伺服电动机。目前，用得较多的是步进电动机、交流伺服电动机。

在伺服系统中还包括测量反馈装置。它由检测元件和相应的电路组成，其作用主要是检测运动件的速度和位移，并将信息反馈回控制系统，构成闭环、半闭环控制。无测量反馈装置的系统称为开环系统。常用的测量元件有脉冲编码器、旋转变压器、感应同步器、光栅、磁尺及激光位移检测系统等。

（3）机床本体。它是用于完成各种切削加工的机械部分，是在普通机床的基础上发展来的，但对机械结构做了很多改进和提高。它采用伺服系统分别驱动各方向的运动部件，并采用滚珠丝杠副、直线滚动导轨等高效传动部件，机械结构得到了简化，传动链较短；具有较高的动态刚度、阻尼精度及耐磨性；数控车床的刀架采用多工位自动回转刀架，工件在车床上一次安装后，能自动地完成工件的多道加工工序。

2）数控车床的工作原理

如图 1-11 所示，数控车床加工零件时，一般根据被加工零件的工件图样，用规定的数字代码和程序格式编制程序单，再将编制好的程序单记录在信息介质上，通过阅读机把信息介质上的代码转变为电信号，并输送到数控装置；数控装置将所接收的信号进行处理后，再将其处理结果以脉冲信号形式向伺服系统发出执行指令；伺服系统接到指令后，马上驱动车床各进给机构按规定的加工顺序、速度和位移量，最终自动完成对零件的车削。

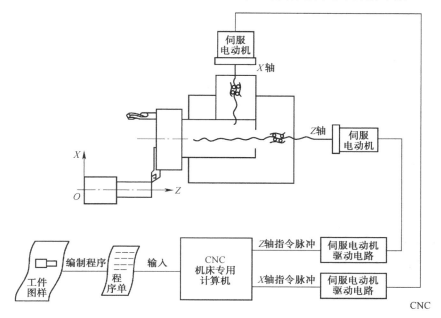

图 1-11　数控车床的基本工作原理

3）数控车床的分类

数控车床的品种繁多，规格不一，可按如下方法进行分类。

（1）按数控系统的功能分类。这种分类方法将数控车床分为经济型数控车床（如图 1-12 所示）、全功能型数控车床（如图 1-13 所示）、车削中心（如图 1-14 所示）、FMC 车床（如图 1-15 所示）。

图 1-12　经济型数控车床

图 1-13　全功能型数控车床

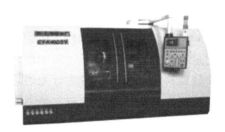

图 1-14　车削中心

图 1-15　FMC 车床

（2）按主轴位置分类。这类数控车床可分为卧式和立式。卧式车床的主轴轴线处于水平位置，是应用最为广泛的数控车床，如图 1-16 所示。立式数控车床的主轴垂直于水平面，并有一个直径很大的圆形工作台，用来装夹零件用，如图 1-17 所示，主要用于加工径向尺寸较大、轴向尺寸相对较小的大型复杂零件。

图 1-16　卧式数控车床

图 1-17　立式数控车床

（3）按刀架数量分类。这类车床分为单刀架数控车床和双刀架数控车床，如图 1-18 所示。

（a）单刀架数控车床

（b）双刀架数控车床

图 1-18　数控车床按刀架数量的分类

（4）按控制方式分类。数控机床的伺服系统的分类实际上是根据其不同的控制方式，即机床有无检测反馈元件以及检测装置分类。它分为开环伺服数控车床、闭环伺服数控车床、半闭环伺服控制数控车床，如图 1-19 所示。

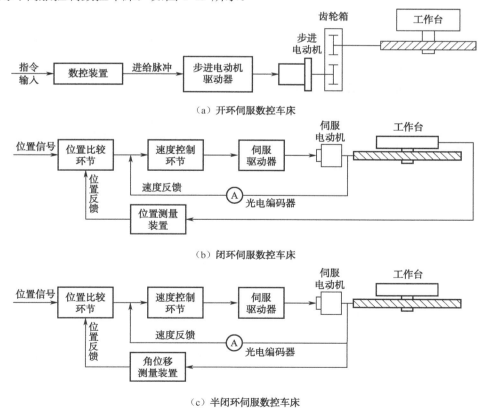

图 1-19　数控车床按控制方式的分类

（5）按数控车床主轴数量分类。这种分类可将数控车床分为单主轴数控车床（如图1-20所示）和多主轴数控车床（如图1-21所示）。与普通车床一样，一部分数控车床都是一个主轴的，但因加工需要，有的数控车床采用了多主轴结构。

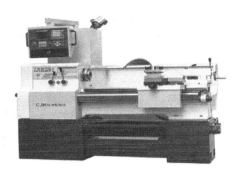

图1-20　单主轴数控车床　　　　　　　　　图1-21　双主轴数控车床

（6）按特殊或专门的工艺性能分类。这种方法可把数控车床分为螺纹、活塞、曲轴等数控车床，如图1-22所示。螺纹数控车床主要用于加工生产各种螺纹；活塞数控车床主要适用于汽车、拖拉机行业对内燃机活塞的外圆、环槽及顶面的精加工；曲轴数控车床是专门加工各种曲轴轴承室的专用机床。

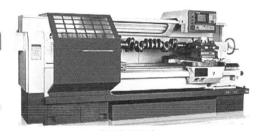

（a）螺纹数控车床　　　　　　　　　　　　（b）曲轴数控车床

图1-22　特殊或专门数控车床

4）数控车床的布局

（1）影响数控车床的布局的因素。数控车床的布局形式与普通车床基本一致，但也受多个方面的影响：

① 工件尺寸、质量和形状的影响。随着工件尺寸、质量和形状的变化，数控车床的布局有卧式车床、落地车床、端面车床、单柱立式车床、双柱立式车床和龙门移动式立式车床的区别，如图1-23所示。

② 车床精度的影响。提高车床的工作精度，降低车床工作时切削力、切削热和切削振动对自身的影响，数控车床在布局时就必须考虑其各部件的刚度、抗振性和热变形不敏感问题。否则，对加工尺寸会造成一定的影响。

③ 车床生产率的影响。伴随着生产率要求的不同，数控车床的布局可以产生单主轴单刀架、双主轴单刀架、双主轴双刀架等不同的结构变化。

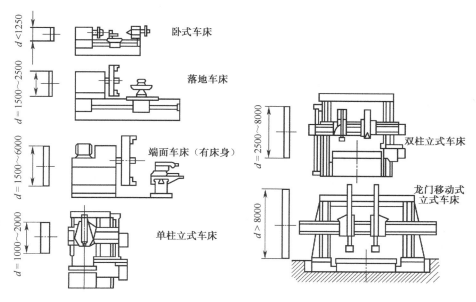

图 1-23　工件尺寸、质量和形状对数控车床布局的影响

（2）床身和导轨的布局。数控车床床身导轨水平面的相对位置如图 1-24 所示。

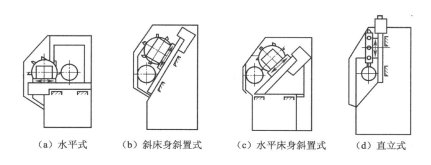

（a）水平式　　　（b）斜床身斜置式　　　（c）水平床身斜置式　　　（d）直立式

图 1-24　数控车床的床身和导轨布局

对于大型数控车床或小型精密数控车床，一般都采用水平式。这是因为这种布局的车床的工艺性好，便于导轨面的加工，同时也能提高刀架运动精度。但由于刀架水平放置，使得滑板横向尺寸较大，从而也使得车床宽度尺寸加大。另外，由于床身下部空间小，所以排屑困难。对于一般小型数控车床，为了排屑的方便性，多采用斜置式。其导轨倾斜角度分别为 30°、45°、60°、75° 等，当导轨倾斜角度为 90° 时，称为直立式。倾斜角度的大小直接影响着车床外形尺寸高度与宽度的比例。

在图 1-24（b）、（c）中虽均为斜置式，但两者也是有一定区分的。图（b）实为斜床身斜面滑板布局，图（c）实为平床身斜面滑板布局。这两种布局形式的优点是：排屑容易、热切屑不会堆积于导轨上、便于安装自动排屑器、易于安装机械手，易实现单机自动化，使用操作方便、车床占地面积较小、容易实现封闭式防护。

（3）刀架的布局。刀架是数控车床的重要部件，它分为排式刀架和回转刀架两大类，如图 1-25 所示。它对车床的整体布局有很大的影响。回转刀架多用于二坐标控制的数控车床上，其回转轴与车床主轴有两种位置：一是平行，用于加工轴类和盘形类零件；二是垂直，用于加工盘类零件。对于四坐标轴控制的数控车床，床身上安装有两个独立的滑板和回转刀架，这种结构的车床又叫双刀架四坐标数控车床。这种结构加工范围广，能大大提高加工效率，因此其每个刀架的切削进给量是分别控制的，这样就可同时切削同一零件的不同部位。它适合于加工曲轴、石油钻头、飞机零件等加工形状复杂、批量较大的零件。

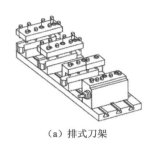　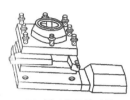　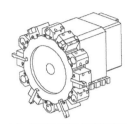

（a）排式刀架　　　　　　（b）四工位回转刀架　　　　（c）多工位转塔式回转刀架

图 1-25　数控车床刀架

2. 数控车削刀具

数控车床使用的刀具从切削方式上可分为 3 类：外圆表面切削刀具、端面切削刀具和内圆表面切削刀具。

1）数控车削用刀具特点

为了满足数控车床的加工工序集中、零件装夹次数少、加工精度高和能自动换刀等要求，数控车床使用的数控刀具有如下特点。

（1）高加工精度。为适应数控加工高精度和快速自动换刀的要求，数控刀具及其装夹结构必须具有很高的精度，以保证在数控车床上的安装精度和重复定位精度。

（2）高刚性。数控车床所使用的刀具应满足高速切削的要求，具有良好的切削性能。

（3）高耐用度。数控加工刀具的耐用度及其经济寿命的指标应具有合理性，要注重刀具材料及其切削参数与被加工工件材料之间匹配的选用原则。

（4）高可靠性。刀具应有很高的可靠性，性能和耐用度不能有较大差异。

（5）装卸调整方便。避免加工过程中出现意外的损伤，而且同一批刀具的切削刀具系统装载质量限度的要求，对整个数控刀具自动换刀系统的结构应进行优化。

（6）标准化、系列化、通用化程度高。使数控刀具最终达到高效、多能、快换和经济的目的。

2）数控车削用刀具

（1）外圆车刀型号。为便于选用和订购，规范生产厂家对刀片的命名，标准规定可转位刀片的型号由不同意义的字母或数字按一定的顺序、方式排列构成，如图 1-26 所示。

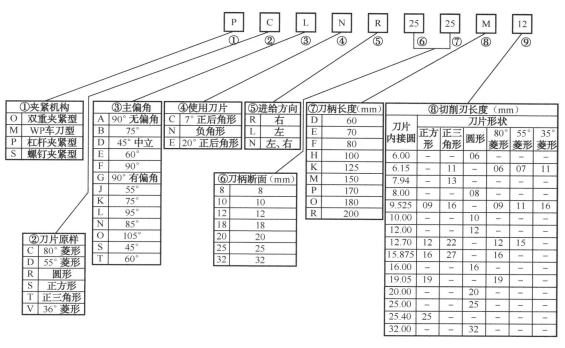

图 1-26 外圆车刀型号表示规则

① 夹紧机构。可转位车刀夹紧机构见表 1-1。

表 1-1 可转位车刀夹紧机构

夹紧方式	图示	特性	夹紧方式	图示	特性
押板紧固		1. 坚硬紧固 2. 负角刀片：半精加工～粗加工（主要用于陶瓷刀具紧固） 3. 正角刀片：低切削阻力	双重紧固		1. 押板和插销双重紧固 2. 坚硬紧固 3. 重切削用
插销紧固		1. 紧固力强 2. 精度高 3. 刀片更换容易	杠杆紧固		1. 紧固力强 2. 精度高 3. 刀片更换容易，使用广泛
螺钉紧固		1. 构造简单 2. 精～半精加工	楔形紧固		1. 坚硬紧固 2. 重切削用

② 进给方向。车刀进给方向如图 1-27 所示。R 为右偏刀，从右开始切削加工；L 为左偏刀，从左开始切削；N 一般为螺纹的进刀加工方式。

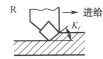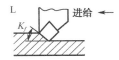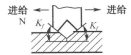

图 1-27　车削进给方向

③ 外圆刀杆的应用。外圆刀杆的应用见表 1-2。

表 1-2　外圆刀杆的应用

刀具系统	负前角刀片（T-MAXP）				正前角刀片	陶瓷和立方氮化硼刀片（T-MAX）	
	刚性夹紧式	杠杆夹紧式	楔块夹紧式	螺钉夹紧和上压式	螺钉夹紧式	刚性夹紧式	上压式
夹紧系统	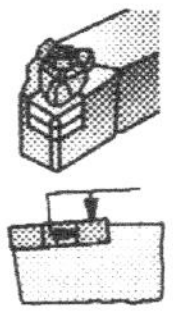	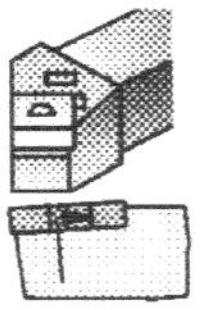	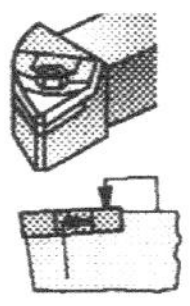	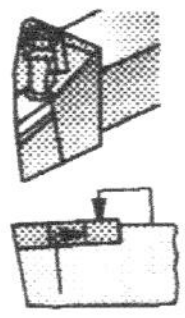	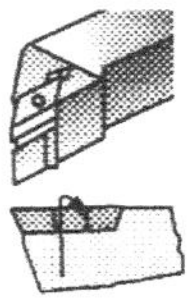	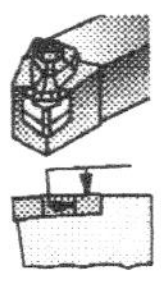	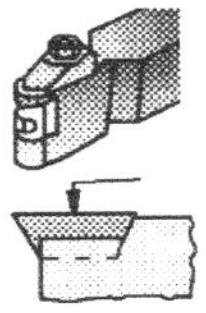
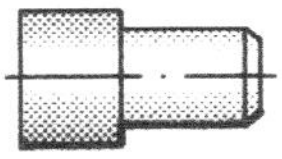 纵向/端面车削	◆◆	◆	◆		◆	◆◆	◆
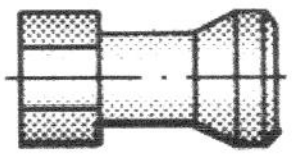 仿形切削	◆◆	◆	◆	◆	◆◆	◆◆	◆
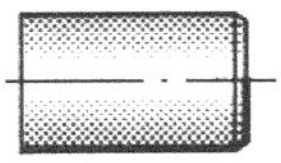 端面车削	◆◆	◆	◆	◆	◆	◆◆	◆
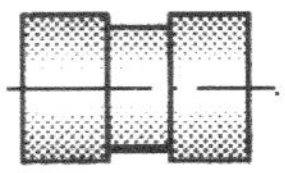 插入车削		◆			◆◆		◆◆

说明：◆◆——推荐刀具系统；◆——补充选择刀具系统。

④ 外圆刀杆刀片的应用。外圆刀杆刀片的应用见表 1-3。

（2）内孔车刀型号。内孔车刀型号的表示规则如图 1-28 所示。

表 1-3　外圆刀杆刀片的应用

外圆车削		刀片形状							
		80° C	55° D	圆形 R	90° S	60° T	80° W	35° V	55°
工序	纵向/端面车削	◆◆	◆	◆	◆	◆	◆		
	仿形切削		◆◆	◆		◆		◆	◆
	端面车削	◆	◆		◆◆	◆	◆		◆
	插入车削		◆◆			◆			

说明：◆◆——推荐刀具系统；◆——补充选择刀具系统。

ISO形镗杆
（铝加工用、M型、P型、S型）

S	16	M	S	C	L	C	R	09
①	②	③	④	⑤	⑥	⑦	⑧	⑨

①刀杆材料	
A	带轴孔钢刀杆
C	硬质合金刀杆
E	转道孔软质合金刀杆
S	钢刀杆

③刀杆长（mm）	
F	80
H	100
K	125
M	150
Q	180
R	200
S	250
T	300
U	350
V	400

④夹紧机构	
M	双重夹紧式
P	杠杆夹紧式
S	螺钉夹紧式

⑤刀片形状	
C	80°菱形
D	55°菱形
S	正方形
T	正三角形
V	35°菱形

⑦刀片法后角	
C	7°正角形
E	20°正角形
N	0
P	11°正角形

⑧方向	
R	右手
L	左手

②刀片直径（mm）	
08	8
10	10
12	12
16	16
20	20
25	25
32	32
40	40

⑥主偏角（°）	
F	91
K	75
L	95
Q	107.30
V	93

⑨切削刃长度（mm）					
刀片为接口	6.35	7.94	9.525	12.70	19.05
80°菱形	06	08	09	12	19
55°菱形	07	–	11	15	–
正方形	–	–	09	12	19
正三角形	11	–	16	22	–
35°菱形	11	–	16	–	–

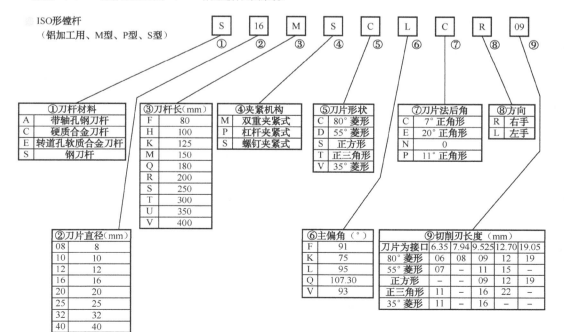

图 1-28　内孔车刀型号的表示规则

① 内孔刀杆的应用。内孔刀杆的应用见表1-4。

表1-4　内孔刀杆的应用

刀具系统	负前角刀片（T-MAXP）				正前角刀片	陶瓷和立方氮化硼刀片（T-MAX）
	刚性夹紧式	杠杆夹紧式	楔块夹紧式	螺钉夹紧和上压式	螺钉夹紧式	上压式
夹紧系统						
工序 纵向/端面车削	◆◆	◆◆	◆		◆◆	◆◆	◆
工序 仿形切削	◆	◆		◆	◆◆	◆◆	
工序 端面车削	◆	◆			◆◆	◆◆	◆

说明：◆◆——推荐刀具系统；◆——补充选择刀具系统。

注意问题：使用尽可能大的镗杆，以获得最大稳定性；如可能，使用小于90°的主偏角，以减小冲击作用在切削刃上产生的力。

② 内孔刀片的应用。内孔刀片的应用见表1-5。

表1-5　外圆刀片的应用

外圆车削	刀片形状						
	80°	55°	圆形	90°	60°	80°	35°
	C	D	R	S	T	W	V
工序 纵向/端面车削	◆	◆	◆	◆	◆◆	◆	

续表

外圆车削		刀片形状						
		80°	55°	圆形	90°	60°	80°	35°
		◇C	◇D	R	S	△T	◁W	◇V
工序	仿形切削		◆◆			◆		◆
	端面车削	◆◆	◆	◆		◆	◆	

说明：◆◆——推荐刀具系统；◆——补充选择刀具系统。

3）数控车削用刀具的选用原则

数控车削用刀具的选用应从多个方面去考虑。

（1）确定工序类型。确定工序类型即确定外圆/内孔加工顺序。一般采用先内孔后外圆的原则，即先进行内部型腔的加工，再进行外圆的加工。

（2）确定加工类型。确定加工类型即确定外圆车削/内孔车削/端面车削/螺纹车削的类型。数控车削加工的工艺特点是，以工件旋转为主运动，车刀运动为进给运动，主要用来加工各种回转表面。根据所选用的车刀角度和切削用量的不同，车削可分为粗车、半精车和精车等阶段。最常见、最基本的车削方法是外圆车削；内孔车削是指用车削方法扩大工件的孔或加工空心工件的内表面，也是最常采用的车削加工方法之一；端面车削主要指的是车端平面（包括台阶端面）；螺纹车削一般使用成形车刀加工。

（3）确定刀具夹紧方式。刀具夹紧方式分为 M 类夹紧、P 类夹紧和 S 类夹紧，如图 1-29 所示。

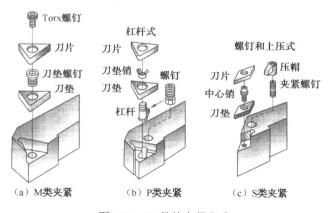

（a）M类夹紧　　　（b）P类夹紧　　　（c）S类夹紧

图 1-29　刀具的夹紧方式

（4）确定刀具形式。数控车削用刀具形式与加工范围，如图 1-30 所示。

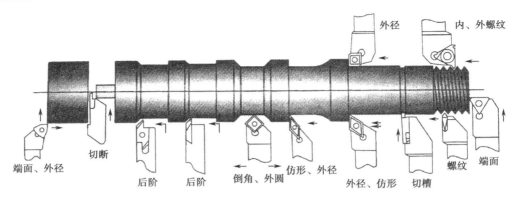

图 1-30　数控车削用刀具形式与加工范围

（5）确定刀具中心高。一般刀具的中心高主要有 16mm、20mm、25mm、32mm 和 40mm 等。

（6）选择刀片。选择刀片的形状、型号、槽型、刀尖和牌号。可转位车刀刀片的形状如图 1-31 所示。

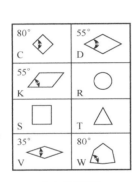

（a）刀片形状

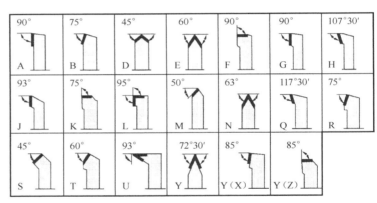

（b）主偏角

图 1-31　可转位车刀刀片的形状

4）刀具的选择和预调

选择数控车削刀具要针对所用机床的刀架结构，现以如图 1-32 所示的某数控车床的刀盘结构为例加以说明。这种刀盘一共有 6 个刀位，每个刀位上可以在径向装刀，也可以在轴向装刀，外圆车刀通常安装在径向，内孔车刀通常安装在轴向。刀具以刀杆尾部和一个侧面定位，当采用标准尺寸的刀具时，只要定位、锁紧可靠，就能确定刀尖在刀盘上的相对位置。可见，对于这类刀盘结构，车刀的柄部要选择合适的尺寸，刀刃部分要选择机夹不重磨刀具，并且刀具的长度不得超出规定的范围，以免发生干涉现象。

数控车床刀具预调的主要工作包括如下几项内容。

（1）按加工要求选择全部刀具，并对刀具外观，特别是刃口部位进行检查。

（2）检查、调整刀尖的高度，实现等高要求。

（3）刀尖圆弧半径应符合程序要求。

（4）测量和调整刀具的轴向和径向尺寸。

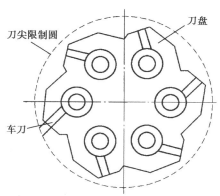

图 1-32　数控车床对车刀的限制

任务2　认识数控铣床/加工中心和铣削用刀具

1. 认识数控铣床/加工中心

（1）数控铣床/加工中心的组成

数控铣床/加工中心外形图如图 1-33 所示，数控铣床是主要采用铣削方式加工零件的数控机床，能完成各种平面、沟槽、螺旋槽、成型表面、平面曲线、空间曲线等复杂的加工。图 1-34（a）所示为数控铣床加工的零件。加工中心主要用于箱体类和复杂曲面零件的加工，能把铣削、镗削、钻削、螺纹加工等功能集中在一台设备上。因为它具有多种换刀或选刀功能及自动工作台交换装置（APC），因而零件在一次装夹后可自动地完成或者接近完成零件各面的所有加工工序，大大提高了生产效率。图 1-34（b）所示为加工中心加工的零件。

（a）数控铣床

（b）加工中心

图 1-33　数控铣床/加工中心外形图

（a）数控铣床加工零件

（b）加工中心加工零件

图 1-34　数控铣床/加工中心加工的零件示例

数控铣床/加工中心由控制介质、人机交互设备、计算机数控（CNC）装置、进给伺服系统、主轴驱动系统、辅助控制装置、可编程控制器（PLC）、反馈系统、自适应控制系统和机床本体等部分组成，如图1-35所示。

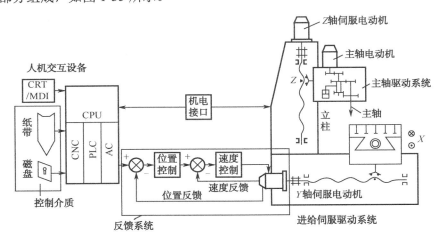

图1-35　数控铣床/加工中心的组成

（1）控制介质。要对数控机床进行控制，就必须在人与数控机床之间建立某种联系，这种联系的中间媒介物质就是控制介质，又称为信息载体。在使用数控机床前，先要根据零件图样规定的尺寸、形状和技术要求，编制出零件的加工程序，将刀具相对于零件的位置和机床全部动作顺序，按照规定的格式和代码记录在信息载体上。当需要在数控机床上加工该零件时，把信息载体上存放的信息（即零件的加工程序）读入计算机控制装置。

（2）人机交互设备。数控机床在加工运行时，通常需要操作人员对数控系统进行状态干预及对输入的加工程序进行编辑、修改和调试，数控系统也要显示数控机床运行状态等，这就要求数控机床具有人机联系的功能。具有人机联系功能的设备统称为人机交互设备，如键盘和显示器是数控系统不可缺少的人机交互设备。

（3）计算机数控（CNC）装置。数控装置是数控机床的中枢，目前，绝大部分数控机床采用微型计算机控制，如图1-36所示。数控装置由运算器、控制器（运算器和控制器构成CPU）、存储器、输入/输出接口等组成。

输入接口接收由控制介质输入设备输入的代码信息，经过识别和译码之后送到指定存储区，作为控制与运算的原始数据。简单的加工程序可用手动数据输入方式（MDI）输入，即在键盘控制程序的控制下，操作人员直接用键盘把零件加工程序输入存储器。

（4）进给伺服驱动系统。伺服驱动系统的作用是，把来自数控装置的位置控制移动指令转变成机床工作部件的运动，使工作台按规定轨迹移交或精确定位，加工出符合图样要求的零件。因为进给伺服驱动是数控装置和机床主体之间的联系环节，所以它必须把数控装置送来的微弱指令信号放大成能驱动伺服电动机的大功率信号。

常用的伺服电动机有步进电动机、直流伺服电动机和交流伺服电动机，如图1-37所示。根据接收指令的不同，伺服驱动有脉冲式和模拟式两种。模拟式伺服驱动方式按驱动电动机的种类，可分为直流伺服驱动和交流伺服驱动。步进电动机采用脉冲驱动方式，交、直流伺服电动机采用模拟式驱动方式。

图 1-36　数控装置

（a）步进电动机　　　　　　　　　　　（b）交流伺服电动机

图 1-37　伺服电动机

（5）主轴驱动系统。机床的主轴驱动系统和进给伺服驱动系统的差别很大，机床主轴的运动是旋转运动，而进给运动主要是直线运动。早期的数控机床一般采用三相感应式同步电动机配上多级变速箱作为主轴驱动的主要方式。现代数控机床对主轴驱动提出了更高要求，要求主轴具有很高的转速和很宽的无级调速范围；主传动电动机既能输出大的功率，又要求主轴结构简单，同时数控机床的主轴驱动系统能在主轴的正反方向实现转动和加减速。

为了使数控铣床/加工中心进行螺纹加工，就要求主轴和进给驱动实现同步控制；在加工中心上为保证换刀的正常进行，就要求主轴具有准停功能，使刀柄上的键槽能对准主轴上的端面键。现代数控机床绝大部分采用交流伺服电动机，由可编程控制器进行控制。

（6）辅助控制装置。辅助控制装置包括刀库的转位换刀，液压泵、冷却泵的控制接口电路（含有电磁换向阀、接触器等强电电气元件）等。现代数控机床通常采用可编程控制器进行控制，所以辅助装置的控制电路变得十分简单。

（7）可编程控制器。可编程控制器（PLC）的作用是对数控机床进行辅助控制，即把计算机送来的辅助控制指令转换成强电信号，来控制数控机床的顺序动作、定时计数、主轴电动机的启动和停止、主轴转速调整、冷却泵启停及转位换刀等动作。可编程控制器本身可以接收实时控制信息，与数控装置共同完成对数控机床的控制。

（8）反馈系统。反馈系统包括位置反馈和速度反馈，它们的作用是通过测量装置将机床移动的实际位置、速度参数检测出来，转换成电信号，并反馈到 CNC 装置中，使 CNC 能随时判断机床的实际位置、速度是否与指令一致，并发送相应指令，纠正所产生的误差。测量装置安装在数控机床的工作台或丝杠上，相当于普通机床的刻度盘和人的眼睛。

（9）自适应控制系统。数控机床工作台的位移量和速度等过程参数可在编写程序时用指令确定，但是有一些因素在编写程序时无法预测，如加工材料力学性能的变化引起的切削力、加工温度的变化等，这些随机变化的因素也会影响数控机床的加工精度和生产效率。自适应控制（AC）的目的就是把加工过程中的温度、转矩、振动、摩擦、切削力等因素的变化，与最佳参数比较，若有误差则及时补偿，以提高加工精度及生产效率。目前，自适应控制仅用于高效率和加工精度高的数控机床，一般数控机床很少采用。

（10）机床主体。数控机床主体由床身、立柱和工作台等组成，是数控机床的机床本体。由于数控机床是高精度和高生产效率的自动化加工机床，与普通机床相比，应具有更好的抗振性和刚度，要求相对运动面的摩擦因数小，进给传动部分之间的间隙小。所以其设计要求比通用机床更严格，加工制造要求更精密，并要采用加强刚性、减小热变形、提高精度的设计措施。

2）数控铣床/加工中心的分类与布局

（1）数控铣床的分类。数控铣床的种类很多，一般数控铣床是指规格较小的升降台式数控铣床，其工作台宽度多在 400mm 以下。规格较大的数控铣床，如工作台宽度在工作 500mm 以上的，其功能已向加工中心靠近，进而演变成柔性加工单元。

① 按主轴布置形式分类。这种分类方法将数控铣床分为立式数控铣床、卧式数控铣床和立卧两用数控铣床。

立式数控铣床的主轴轴线垂直于水平面，如图 1-38 所示，是数控铣床中最常见的一种分布形式，应用范围也最为广泛。

（a）立式升降台数控铣床　　　　　　（b）龙门式数控铣床

图 1-38　立式数控铣床

立式数控铣床中又以三坐标（X、Y、Z）联动铣床居多，其各坐标的控制方式有：

a．工作台纵、横向移动并升降，主轴不动方式（小型数控铣床一般采用这种方式）。

b．工作台纵、横向移动，主轴升降方式（中型数控铣床一般采用这种方式）。

c．龙门架移动式，即主轴可在龙门架的横向与垂直导轨上移动，而龙门架则沿床身做纵向移动（大型数控龙门铣床采用这种方式）。

卧式数控铣床如图 1-39 所示，其主轴平行于水平面，主要用来加工箱体类零件。为扩大功能和加工范围，通常采用增加数控转盘来实现四轴或五轴加工。这样，工件在一次加工中可以通过转盘的改变工位，进行多方位加工，使配有数控转盘的卧式数控铣床在加工箱体零件和需要在一次装夹中改变工位时具有明显的优势。

立卧两用数控铣床如图 1-40 所示，其主轴轴线可以靠手动或自动任意变换方向（有的在工作台上增设了数控转盘，以实现对零件的"五面加工"），这就使一台数控铣床具有立式和卧式两个功能。这类铣床适应性更强，使用范围理为广泛，其生产成本也低。

图 1-39　卧式数控铣床　　　　　　　　　　图 1-40　立卧式两用数控铣床

② 按数控系统的功能分类。这类数控铣床可分为经济型数控铣床、全功能数控铣床、高速铣削数控铣床。

经济型数控铣床如图 1-41 所示，它一般是在普通立式或卧式铣床的基础上进行改造而成的。采用经济型数控铣床，成本低，功能少，主轴转速和进给速度不高，主要用于精度要求不高的简单平面或曲线零件的加工。

全功能数控铣床如图 1-42 所示，一般采用半闭环或闭环控制，控制系统功能较强，数控系统功能丰富，加工适用性强，应用最为广泛。

图 1-41　经济型数控铣床　　　　　　　　　　图 1-42　全功能数控铣床

高速铣削数控铣床如图 1-43 所示。主轴转速在 8000～40000r/min 的数控铣床就是高速铣削数控铣床，这种铣床进给速度可达 10～30m/min。它采用了全新的机床结构（主体结构及材料变化）、功能部件（电主轴、直流电动机驱动进给）和功能强大的数控系统，并配有加工性能优越的刀具系统，可对大面积的曲线进行高效率、高质量的加工。

高速铣削是数控加工的一个发展方向，其技术日趋成熟，并得到广泛应用，但其机价昂贵，使用成本较高。

图 1-43 高速铣削数控铣床

③ 按控制方式分类。这种分类实际上是根据数控机床不同的控制方式来分类的。

开环控制系统的数控铣床是指不带反馈装置的数控铣床，如图 1-44 所示。进给伺服采用步进电动机，数控系统每发出一个指令脉冲，经驱动电路功率放大后，驱动电动机旋转一个角度，然后经过减速齿轮和丝杠螺母机构，转换为工作台的直线移动，其系统信息是单向的。

因系统没有反馈装置，其系统精度较差，但结构简单、成本低、技术容易掌握，所以在中、小型控制系统的经济型数控铣床中得到应用，尤其适用于旧机床的改造。

半闭环控制系统的数控铣床如图 1-45 所示，在伺服机构中装有角位移检测装置，通过检测伺服机构的滚珠丝杠转角间接测量移动部件的位移，然后反馈到数控装置中，与输入原指令位移值进行比较，用比较后的差值进行控制，以弥补移动部件位移，直至消除差值为止。由于丝杠螺母机构不包括在闭环之内，所以丝杠螺母机构的误码差仍然会影响移动部件的位移精度。半闭环控制系统采用伺服电动机，其结构简单、工作稳定、使用维修方便，目前应用比较广泛。

图 1-44 开环控制系统的数控铣床　　　　　　图 1-45 半闭环控制系统的数控铣床

闭环控制系统的数控铣床如图 1-46 所示，在机床移动部件位置上直接装有直线位置检测装置，将检测到的实际位移反馈到数控装置中，与输入的原指令位移值进行比较，用比较后的差值控制移动部件作补充位移，直至差值消除时才停止，从而达到精度要求。

其优点是定位精度高，一般可达 0.01mm，最高可达 0.001mm。但其结构复杂、维修困难、成本较高，一般用于加工精度要求很高的场合。

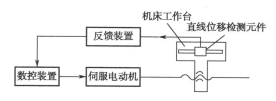

图 1-46　闭环控制系统的数控铣床

（2）数控铣床的布局。数控铣床加工工件时和普通铣床一样，由刀具或者工件做主运动，刀可由刀具与工件进行相对的进给运动，以加工一定形状的工件表面。加工工件所需要的运动是相对的，因此，数控铣床对其结构部件的运动分配可有多种方案。根据工件的质量和尺寸的不同，可以有 4 种不同的布局方案，见表 1-6。

表 1-6　数控铣床的 4 种布局方案

布局图示	运动分配说明	加工适应
	由工件完成三个方向的进给，分别由工作台、滑鞍、升降台来实现	一般加工较轻的工件
	工件不进行垂直方向的进给运动，而是由铣头带着刀具来完成垂直进给运动	加工较重或者尺寸较高的工件
	工作台载着工件进行一个方向上的进给运动，其他两个方向的进给运动由多个刀架来完成（即铣头部件在立柱与横梁上移动）	适于加工质量大的工件
	其进给运动均由铣头来完成	减小了铣床的结构尺寸和质量，适于加工更大、更重的工件

近些年来，大规模集成电路、微处理机和微型计算机技术的发展，使数控装置和强电控制电路日趋小型化，不少数控装置将控制计算机、按键、开关、显示器等集中装在吊挂按钮站上，其他的电气部分则集中或分散与主机的机械部件装成一体，有的还采用气、液传动装置，省去了液压油泵站，从而实现了机、电、液一体化结构，减少了铣床占地面积，又便于操作管理。

（3）加工中心的分类。

① 按加工中心布局方式分类。

a. 立式加工中心。立式加工中心如图 1-47 所示，其主轴轴线为垂直设置，结构形式多为固定立柱式，工作台为长方形，无分度回转功能，适用于加工盘类零件。在工作台上安装一个水平轴的数控回转台，可用于加工螺旋线零件。立式加工中心的结构简单，占地面积小，价格低。

b. 卧式加工中心。卧式加工中心如图 1-48 所示，其主轴轴线为水平设置。通常带有可进行分度回转运动的正方形工作台。一般具有 3～5 个运动坐标，常见的是三个直线运动坐标（X、Y、Z 轴方向）加一个回转运动坐标（回转工作台），它能够使零件在一次装夹后完成安装面和顶面以外的其余四个面的加工，适用于箱体类零件的加工。

卧式加工中心有多种形式，如固定立柱式或固定工作台。与立式加工中心相比，其结构复杂、占地面积大、质量大，价格也较高。

图 1-47　立式加工中心

图 1-48　卧式加工中心

c. 龙门式加工中心。龙门加工中心形状与龙门铣床相似，如图 1-49 所示，主轴多为垂直设置，带有自动换刀装置及可更换的主轴头附件，数控装置的软件功能也较齐全，能够一机多用，适用于大型或形状复杂的零件。

图 1-49　龙门式加工中心

　　d．万能加工中心。万能加工中心即复合加工中心，它具有立式和卧式加工中心的功能，零件一次装夹后能完成安装面以外的所有侧面和顶面（五个面）的加工，也叫五面加工中心。其结构复杂、占地面积大、造价高。常见的五面加工中心有两种形式：一种是主轴可实现立、卧转换；另一种是主轴不改变方向，数控回转工作台带着零件旋转完成对零件五个表面和加工。图 1-50 所示为常用的数控回转工作台。

图 1-50　数控回转工作台

　　② 按换刀形式分类。

　　a．带刀库、机械手的加工中心。加工中心的换刀装置（ATC）由刀库和机械手组成，机械手完成换刀工作。

　　b．无机械手的加工中心。如图 1-51 所示，无机械手的加工中心的换刀是通过刀库和主轴箱的配合动作来完成的，刀库中刀具存放位置方向与主轴装刀方向一致。换刀时，主轴运动到刀位上的换刀位置，由主轴直接取走或放回刀具。

　　c．转塔刀库式加工中心。如图 1-52 所示，小型立式加工中心一般采用转塔刀库形式，主要以孔加工为主。

图 1-51　无机械手的加工中心　　　　　　图 1-52　转塔刀库式加工中心

　　③ 按加工中心的功用分类。

　　a．镗铣加工中心。主要用于镗削、铣削、钻孔、扩孔及攻螺纹等工序，适用于加工箱体类及型面复杂、工序集中的零件。

　　b．钻削加工中心。主要用于钻孔，也可进行小面积的端铣。

　　c．车削加工中心。除用于加工轴类零件外，还进行铣（如铣六角）、钻（如钻横向孔）

等工序。

④ 按数控系统分类。按数控系统，加工中心可分为二坐标加工中心、三坐标加工中心和多坐标加工中心，半闭环加工中心和全闭环加工中心。

2. 数控铣床/加工中心用刀具

1）面铣刀

面铣刀一般由盘状体上的机夹刀片或刀头组成，常用于铣削较大的平面，其结构如图 1-53 所示。

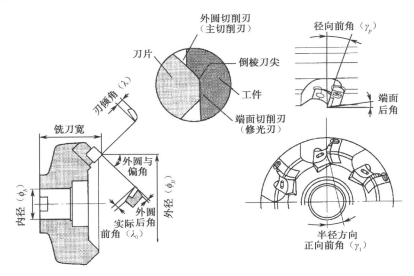

图 1-53　面铣刀的结构

铣削刀具齿距是刀齿上某一点和相邻刀齿上相同点之间的距离。面铣刀分为疏齿、密齿和超密齿，如图 1-54 所示。当稳定性和功率有限时，采用疏齿方式，用以减少刀片数目并采用不等齿距以得到最高生产率；在一般用途生产和混合生产条件下采用密齿；在稳定条件下采用超密齿以获得较高生产率。

图 1-54　铣削刀具齿距

面铣刀盘直径和位置选择应根据工件尺寸，主要是根据工件宽度来选择直径，如图 1-55 所示。在选择过程中，要先考虑机床功率。为达到较好的切削效果，刀具位置、刀齿和工件接触的形式也要考虑。一般来说，用于面铣刀的直径应比切削宽度大 20%～50%。

图 1-55 刀具直径和位置

2）立铣类刀具

立铣类刀具有立铣刀、键槽铣刀和球头铣刀等。

（1）立铣刀。立铣刀的结构如图 1-56 所示，它主要用于各种凹槽、台阶以及成形表面的铣削。其主切削刃位于圆周面上，端面上的切削刃是副刀刃。立铣刀一般不宜沿轴线方向进给。

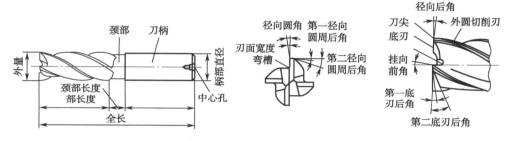

图 1-56 立铣刀的结构

（2）键槽铣刀。键槽铣刀主要用于加工封闭槽。外形类似立铣刀，有两个刀齿，端面切削刃为主切削刃，圆周的切削刃是副刀刃。

（3）球头铣刀。球头铣刀主要用于加工模具型腔或凸模成形表面。曲面加工时也常采用球头铣刀，但加工曲面较平坦的部位时，刀具以球头顶端切削，切削条件较差，因而应采用圆鼻刀。在单件或小批量生产中，采用鼓形、锥形的盘形铣刀来加工变斜角零件，如图 1-57 所示。

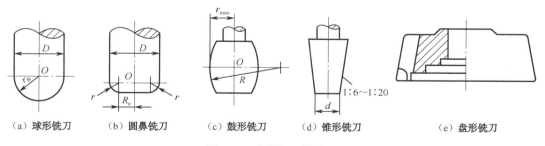

（a）球形铣刀　（b）圆鼻铣刀　（c）鼓形铣刀　（d）锥形铣刀　（e）盘形铣刀

图 1-57 曲面加工用铣刀

3）粗铣球头仿形铣刀

粗铣球头仿形铣刀的结构如图 1-58 所示。其主要技术特色为：

（1）刀具整体设计双负结构，采用了 $-10°$ 的刃倾角，提高了排屑性能和刀具的抗冲击与抗振动性能。

（2）刀片的定位设计采用了最稳定的三角面定位原理，采用一次定位磨加工完成，特殊开发的检查夹具控制，定位精度较高。

（3）刀片的刃形设计非常有特色，只用了一个圆弧和直线构造刀片刃形轮廓，通过特殊的造型处理，刃形的设计理论精度达到：球形刃最大误差仅为 0.005mm，直线刃的最大误差为 0.02mm。这样设计的优点是大批量制造容易实现，刀片的刃形仅为一个直线和一个圆弧，这是最为简洁的设计思路，大大降低了包括模具、刀片研磨等工序的制造复杂性。

（4）双后角设计，在保证刀具有足够的刃部强度的同时可以大进给强力切削。

（5）刀体设计与制造采用最为先进的理念，所有应力集中的区域采用圆滑化设计处理，确保强力切削的使用状况下刀体的绝对安全。

4）三面刃铣刀

三面刃铣刀的应用领域极为广泛，其种类非常多，根据用途主要有以下几种。

（1）切断型。形式多种多样，刀体制造工艺异常复杂，采用四边形浅槽车削刀片，采用 SREW-ON（螺钉压紧）锁紧刀片，这是由 SECO 公司于 20 世纪 80 年代初成功开发的。这种结构形式在切薄壁件或细长件等刚性不好的工件时特别不利，但具有制造容易、刀片切削刃多且形状简单，相对经济性要好的优点。因此，切断型三面刃铣刀多选择 SECO 结构，如图 1-59 所示。

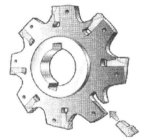

| 图 1-58 粗铣球头仿形铣刀 | 图 1-59 三面刃铣刀的 SECO 结构 |

（2）单侧面加工。如发动机曲轴座侧面加工，根据图样设计要求有多种倒角或倒圆要求，刀片种类十分繁多。

（3）沟槽加工。如铣刀螺旋槽，被加工槽宽度必须根据用户要求精调，同样底部有多种倒角或倒圆要求，刀片种类十分繁多。

（4）特种重型加工。如发动机曲轴内外铣、电力机车转向架定位槽、电力机车电动机内槽加工刀具都属于这一类型刀具。

5）刀柄系统

数控铣床/加工中心用刀具系统由刀柄系统和刀具组成，而刀柄系统由三个部分组成，即刀柄、拉钉和夹头。

（1）刀柄。刀具通过刀柄与数控铣床/加工中心主轴连接，其强度、刚性、磨性、制造精度以及夹紧力等直接影响加工。

数控铣床刀柄一般采用 7∶24 锥面与主轴锥孔配合定位，刀柄及其尾部供主轴内拉紧机构用的拉钉已实现标准化；加工中心的刀柄分为整体式和模块式两类，如图 1-60 所示。整体式刀柄刀具系统中，不同的刀具直接或通过刀具夹头与对应的刀柄连接组成所需要的刀具系统。模块式刀柄刀具系统是将整体式刀杆分解成柄部、中间连接块、工作部三个主要部分，然后通过各种连接在保证刀杆连接精度、刚度的前提下，将这三个部分连接成一整体。

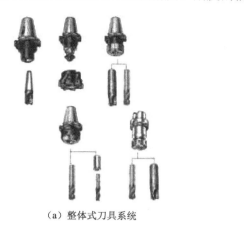

（a）整体式刀具系统 　　　　　　　　　　（b）模块式刀具系统

图 1-60　数控铣/加工中心刀具系统

（2）拉钉与夹头。拉钉如图 1-61 所示，其尺寸已标准化，ISO 或 GB 规定了 A 型和 B 型两种形式的拉钉。其中，A 型拉钉用于不带钢球的拉紧装置；B 型拉钉用于带钢球的拉紧装置。

（a）A 型拉钉　　　　　　　　　　（b）B 型拉钉

图 1-61　拉钉

夹头有两种，即 ER 弹簧夹头和 KM 弹簧夹头，如图 1-62 所示。其中，ER 弹簧夹头的夹紧力较小，适用于切削力较小的场合；KM 弹簧夹头的夹紧力较大，适用于强力铣削。

（a）ER 弹簧夹头　　　　　　　　　　（b）KM 弹簧夹头

图 1-62　夹头

任务 3　认识自动换刀系统

刀库的功能是储存加工所需的各种刀具，并按程序指令，把要用的刀具准确地送到换刀

位置，并接受从主轴送来的刀具。刀库的储存量一般为 8～64 把，多的可达 200 把。

1．加工中心的刀库

加工中心的刀库通常分为直线式刀库、盘式刀库、链式刀库和箱式刀库等，见表 1-7。

表 1-7　加工中心刀库

刀库类型	图示	说明
盘式刀库		具备机械手
		无机械手的斗笠式刀库
链式刀库		链式刀库结构较紧凑，通常为轴向换刀。刀库容量较大，并可根据机床的布局配置单链环和多链环，也可将换刀位置刀座突出，以利于换刀

续表

刀库类型	图示	说明
链式刀库		
箱式刀库	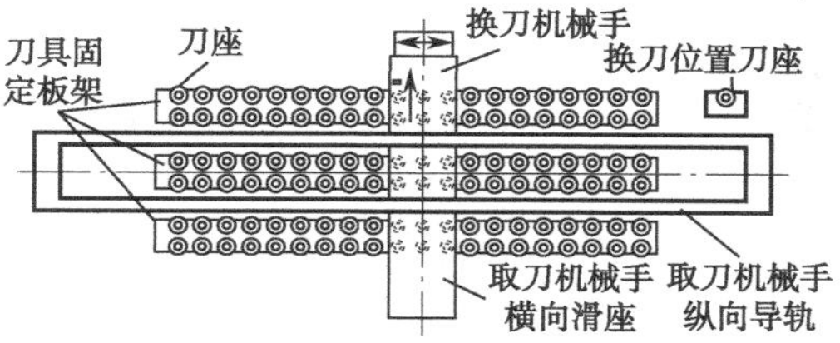	分为固定型和非固定型两种。固定型箱式刀库中，刀具分几排直线排列，由纵、横向移动的取刀机械手完成选刀动作，将选取的刀具送到固定位置的换刀刀座上，由换刀机械手交换刀具。由于刀具排列密集，空间利用率高，刀库容量大。非固定型箱式刀库可换主轴箱的加工中心刀库由多个刀匣（箱）组成，每个刀匣可从刀库中提出进行选刀

2. 加工中心的换刀方式

加工中心的换刀方式通常有无机械手换刀、机械手换刀、更换主轴换刀和更换主轴箱换刀等。无机械手换刀和有机械手换刀由刀具交换装置完成。数控机床的自动换刀系统（ATC）中，实现刀库与机床主轴之间刀具传递和刀具装卸的装置称为刀具交换装置。

1）无机械手换刀

无机械手换刀的方式是，利用刀库与机床主轴的相对运动实现刀具交换。如 XH754 型卧式加工中心，就是采用这类刀具交换装置的实例。该机床主轴在立柱上可以沿 Y 方向上下移动，工作台横向运动为 Z 轴，纵向移动为 X 轴。盘式刀库位于机床顶部，有 30 个装刀位置，可装 29 把刀具。

（1）当加工工步结束后，执行换刀指令，主轴实现准停，主轴箱沿 Y 轴上升。这时，机床上方刀库的空挡刀位正好处在交换位置，装夹刀具的卡爪打开，如图 1-63（a）所示。

（2）主轴箱上升到极限位置，被更换刀具的刀杆进入刀库空刀位，即被刀具定位卡爪钳住，与此同时，主轴内刀杆自动夹紧装置放松刀具，如图 1-63（b）所示。

（3）刀库伸出，从主轴锥孔中将刀具拔出，如图 1-63（c）所示。

（4）刀库转动，按照程序指令要求将选好的刀具转到最下面的位置，同时，压缩空气将主轴锥孔吹净，如图 1-63（d）所示。

（5）刀库退回，同时将新刀具插入主轴锥孔，主轴内的夹紧装置将刀杆拉紧，如图 1-63（e）所示。

（6）主轴下降到加工位置后启动，开始下一步的加工，如图 1-63（f）所示。首先，这种换刀机构不需要机械手，且结构简单紧凑。由于交换刀具时机床不工作，因此不会影响加工精度，但会影响机床的生产效率。其次，因刀库尺寸限制，装刀数量不能太多。这种换刀方式常用于小型加工中心。

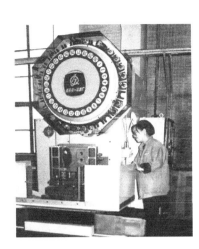
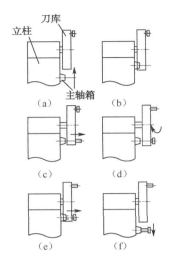

图 1-63　XH754 型卧式加工中心及其换刀过程

2）机械手换刀

机械手换刀有很大的灵活性，而且可以减少换刀时间。其结构类型多种多样，因此换刀运动也有所不同。下面以卧式镗铣加工中心为例说明采用机械手换刀的工作原理。

该机床采用的是链式刀库，位于机床立柱左侧。由于刀库中存放刀具的轴线与主轴的轴线垂直，故机械手需要三个自由度。机械手沿主轴轴线的插拔刀动作，由液压缸来实现；绕竖直轴 90°的转动进行刀库与主轴间刀具的传送，由液压电动机实现；绕水平轴旋转 180°完成刀库与主轴上的刀具交换的动作，也由液压电动机实现。

（1）抓刀爪伸出，抓住刀库上的待换刀具，刀库刀座上的锁板拉开，如图 1-64（a）所示。

（2）机械手带着待换刀具绕竖直轴逆时针方向转 90°，与主轴轴线平行，另一个抓刀爪抓住主轴上的刀具，主轴将刀杆松开，如图 1-64（b）所示。

（3）机械手前移，将刀具从主轴锥孔内拔出，如图 1-64（c）所示。

（4）机械手绕自身水平轴转 180°，将两把刀具交换位置，如图 1-64（d）所示。

（5）机械手后退，将新刀具装入主轴，主轴将刀具锁住，如图 1-64（e）所示。

（6）抓刀爪缩回，松开主轴上的刀具。机械手绕竖直轴顺时针转 90°，将刀具放回刀库的相应刀座上，刀库上的锁板合上，如图 1-64（f）所示。最后，抓刀爪缩回，松开刀库上的刀具，恢复到原始位置。

3）更换主轴换刀

更换主轴换刀是带有旋转刀具的数控机床的一种比较简单的换刀方式。这种机床常用转塔的转位来更换主轴头，以实现自动换刀。在转塔的各个主轴头上，预先安装有工序所需要的刀具，当换刀指令发出后，各主轴头依次转到加工位置并接通主运动，使相应的主轴带动刀具旋转，而其他处于不加工位置上的主轴头都与主运动脱开。

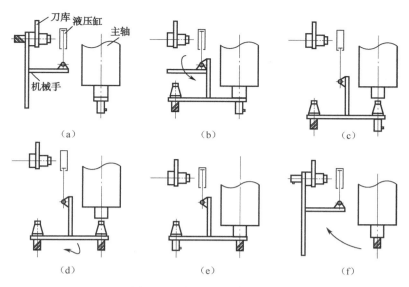

图 1-64 换刀动作分解示意

4）更换主轴箱换刀

有些数控机床和组合机床相似，采用多主轴的主轴箱，利用更换主轴箱达到换刀的目的。这种换刀形式可提高箱体类零件的生产效率。

项目 3 数控基础知识

 学习目标

◇ 了解数控加工程序的编制方法和结构。
◇ 了解数控编程的数学运算。
◇ 了解数控加工的工艺设计。
◇ 认识数控加工中的坐标系。

任务 1 了解数控程序

数控程序是指编程者根据零件图样和工艺文件的要求，编制出可在数控机床上运行以完成规定加工任务的一系列指令的过程。

1. 数控编程的概念

输入数控系统中并使数控机床执行一个明确的加工任务，且具有特定代码和其他规定符号编码的一系列指令称为数控程序。它是数控机床的应用软件。生成数控机床进行零件加工的数控程序的过程，则为数控编程。各数控系统使用的数控程序的语言规则与格式不尽相同，应用时应严格按各设备编程手册中的规定进行编制。

数控编程是一项十分严格的工作，它是数控加工中重要的步骤，必须遵守各相关的标准。只有首先掌握一些基本的知识，才能更好地进行相应的处理、运算等，编制合理的加工程序，实现刀具与工件的相对运动，自动完成零件的生产加工。

1）程序编辑的内容和步骤

数控编程步骤如图 1-65 所示，具体方法见表 1-8。

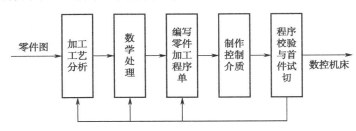

图 1-65　数控编程步骤示意图

表 1-8　程序编制的步骤及内容说明

步骤	内容说明
加工工艺分析	编程人员首先要根据零件图样，对零件的材料、形状、尺寸、精度和热处理要求等进行加工工艺分析，合理地选择加工方案，确定加工顺序、加工路线、装夹方式、刀具及切削用量等；同时还要考虑所用机床的指令功能，充分发挥机床的效能。加工路线要短，正确地选择对刀点、换刀点，减少换刀次数
数学处理	在完成工艺分析处理后，应根据零件的形状、尺寸、走刀路线来计算出零件轮廓上各几何元素的起点、终点、圆弧的圆心坐标等
编写零件加工程序单	在完成上面两个步骤后，编程人员应根据数控系统规定的程序功能指令，按照规定的程序格式，逐段编写零件加工程序单。此外，还应附上必要的加工示意图、刀具布置图、机床调整卡、工序卡和必要的说明
制作控制介质	把编制好的程序单上的内容记录在控制介质上，作为数控装置的输入信息。通过程序的手工输入或通信传输方式送入数控系统
程序校对与首件试切	编写的程序单和制作好的控制介质，必须经过校验和试切才能正式使用。校验的方法是直接将控制介质上的内容输入到数控装置中，让机床空转，以检查机床的运动轨迹是否正确。当发现有误差时，要及时分析误差产生的原因，找出问题所在，加以修正

2）数控编程的方法

数控编程通常分为手工编程和自动编程两大类。

（1）手工编程。从工件图样分析、工艺处理、数值计算、编写零件加工程序单、程序输入直到程序校验等各阶段均由人工完成的编程方法称为手工编程。对于加工形状简单的零件，计算比较简单，程序不多，采用手工编程既经济又及时，比较容易完成。目前，国内大部分的数控机床编程处于这一层次。手工编程框图如图 1-66 所示。

手工编程的意义在于加工形状简单的工件（如由直线与直线或直线与圆弧组成的轮廓）时，编程快捷、简便，不需要具备特别的条件（价格较高的自动编程机及相应的硬件和软件等），对机床操作或编程人员不受特殊条件的制约，还具有灵活性大和编程费用少等优点。

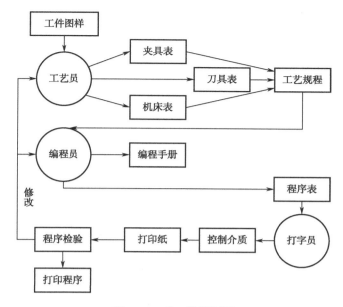

图 1-66　手工编程框图

（2）自动编程。由计算机或编程器完成程序编制中的大部分或全部工作的编程方法称为自动编程。

① 数控语言编程。数控语言自动编程过程如图 1-67 所示，编程人员根据被加工工件图样要求和工艺过程，运用专用的数控语言（APT）编制工件加工源程序，用于描述工件的几何形状、尺寸大小、工艺路线、工艺参数及刀具相对工件的运动关系等，不能直接用来控制数控机床。源程序编写后输入计算机，经编译系统翻译成目标程序后才能被系统所识别。最后，系统根据具体数控系统所要求的指令和格式进行后置处理，生成相应的数控加工程序。

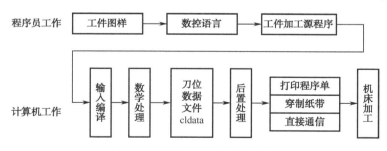

图 1-67　数控语言自动编程过程

② CAD/CAM 系统自动编程。随着 CAD/CAM 技术的成熟和计算机图形处理能力的提高，可直接利用 CAD 模块生成几何图形。采用人机交互的实时对话方式，在计算机上指定被加工部位，输入相应的加工参数，计算机便可自动进行必要的数学处理并编制出数控加工程序，同时在计算机屏幕上动态显示出刀具的加工轨迹。这种利用 CAD/CAM 系统进行数控加工编程的方法与数控语言自动编程相比，具有效率高、精度高、直观性好、使用简便、便于检查等优点，从而成为当前数控加工自动编程的主要手段。

不同的 CAD/CAM 系统的功能指令、用户界面各不相同，编程的具体过程也不尽相同。

但从总体上来讲，编程的基本原理及步骤大体上是一致的。归纳起来可分为如图 1-68 所示的几个基本步骤。

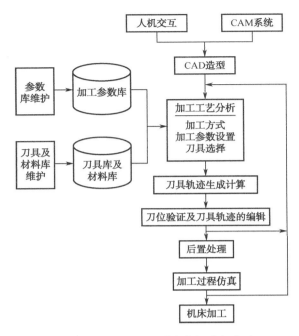

图 1-68　CAD/CAM 系统数控编程步骤

2. 程序结构与程序段格式

1）程序的结构

数控加工程序由遵循一定结构、句法和格式规则的若干个程序段组成，每个程序段是由若干个指令字组成的。一个完整的数控加工程序由程序号、程序主体和程序结束 3 部分组成，如图 1-69 所示。

程序号位于数控加工程序主体前，是数控加工程序的开始部分，一般独占一行。为了区别存储器中的数控加工程序，每个数控加工程序都必须有程序号。程序号一般由规定的字母"O"、"P"或符号"%"、":"开头，后面紧跟若干位数字，常用的有 2 位数和 4 位数两种，前面的"0"可以省略（但其后续数字切不可为 4 个"0"）。

程序的主体也就是程序的内容，是整个程序的核心部分，由多个程序段组成，程序段是数控程序中的一句，单列一行，表示工件的一段加工信息，用于指令机床完成某一个动作。若干个程序段的集合，则完整地描述了某个工件加工的所有信息。

2）程序段格式

程序段格式是指在同一程序段中开头字母、数字、符号等各个信息代码的排列顺序和含义规则的表示方法。程序段的格式可分为字地址程序段格式、具有分隔符号 TAB 的固定顺序的程序段格式、固定顺序段格式。广泛使用的是字地址程序段格式（也称可变程序段格式）。这种程序段格式用地址码来指明据的意义，因此不需要的字或与上一程序段相同的字都可省略，所以程序段的长度也是可变的。采用这种格式的优点是程序中所包含的信息可读性高，便于人工编程修改。

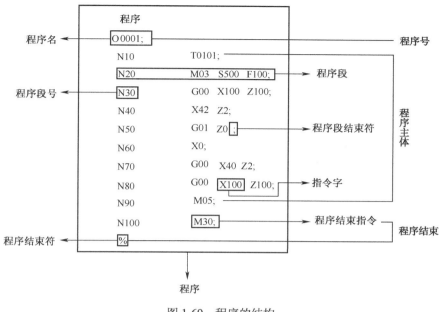

图 1-69 程序的结构

3. 功能字

1）准备功能字

准备功能字的地址符是 G，它设立机床加工方式，为数控机床的插补运算、刀补运算、固定循环等做好准备。G 指令由字母 G 和后面的 2 位数字组成，有 G00～G99 共 100 种，见表 1-9。

表 1-9 G 指令的用法与功能

G 代码	功能保持到被取消或被同样字母表示的程序指令所代替	功能仅在所出现的程序段内有效	功能
G00	a		点定位
G01	a		直线插补
G02	a		顺时针圆弧插补
G03	a		逆时针圆弧插补
G04		*	暂停
G05	#		不指定
G06	a		抛物线插补
G07	#		不指定
G08			加速
G09			减速
G10～G16	#		不指定

续表

G 代码	功能保持到被取消或被同样 字母表示的程序指令所代替	功能仅在所出现的 程序段内有效	功能
G17	c		XY 平面选择
G18	c		ZX 平面选择
G19	c		YZ 平面选择
G20~G32	#		不指定
G33	a		等螺距螺纹切削
G34	a		增螺距螺纹切削
G35	a		减螺距螺纹切削
G36~G39	#		永不指定
G40	d		刀具补偿/刀具偏置注销
G41	d		刀具补偿（左）
G42	d		刀具补偿（右）
G43	#（d）		刀具偏置（正）
G44	#（d）		刀具偏置（负）
G45	#（d）		刀具偏置（+/+）
G46	#（d）		刀具偏置（+/-）
G47	#（d）		刀具偏置（-/-）
G48	#（d）		刀具偏置（-/+）
G49	#（d）		刀具偏置（0/+）
G50	#（d）		刀具偏置（0/-）
G51	#（d）		刀具偏置（+/0）
G52	#（d）		刀具偏置（-/0）
G53	f		直线偏移注销
G54	f		直线偏移 X
G55	f		直线偏移 Y
G56	f		直线偏移 Z
G57	f		直线偏移 XY
G58	f		直线偏移 XZ
G59	f		直线偏移 YZ
G60	h		准确定位 1（精）
G61	h		准确定位 2（中）
G62	h		准确定位（粗）
G63	*		攻丝
G64~G67	#	#	不指定
G68	#（d）	#	刀具偏置，内角

续表

G 代码	功能保持到被取消或被同样 字母表示的程序指令所代替	功能仅在所出现的 程序段内有效	功能
G69	#（d）	#	刀具偏置，外角
G70～G79	#	#	不指定
G80	e		固定循环注销
G81～G89	e		固定循环
G90	j		绝对尺寸
G91	j		增量尺寸
G92		*	预置寄存
G93	k		时间倒数，进给率
G94	k		每分钟进给
G95	k		主轴每转进给
G96	i		恒线速度
G97	i		主轴每分钟转速
G98、G99	#	#	不指定

说明：#——如选作特殊用途，必须在程序格式说明中说明；*——程序启动时生效。

G 指令分为模态指令和非模态指令。模态指令又称续效代码，是指在程序中一经使用后就一直有效，直到出现同组中的其他任一 G 指令将其取代后才失效。非模态指令只在编有该代码的程序段中有效，下一程序段需要时必须重写。

2）坐标尺寸字

坐标尺寸字在程序段中主要用来命令机床的刀具运动到达的坐标位置。尺寸字可以使用米制，也可以使用英制，FANUC 系统用 G20/G21 切换。

尺寸字是由规定的地址符及后续的带正、负号的多位十进制数组成。常用的地址符有 X、Y、Z、U、V、W，主要表示指令到达点坐标值或距离；I、J、K，主要表示零件圆弧轮廓圆心点的坐标尺寸。有些数控系统在尺寸字中允许使用小数点编程，无小数点的尺寸字指令的坐标长度等于数控机床设定单位与尺寸字中数字的乘积。例如，采用米制单位若设定为 1μm，则指令 X 向尺寸 400mm 时，应写成 X400.0 或 X400000。

3）辅助功能字

辅助功能字的地址符是 M，它用来控制数控机床中辅助装置的开关动作或状态。与 G 指令一样，M 指令由字母 M 和其后的 2 位数字组成，从 M00～M99 共 100 种。常用的 M 指令如下。

（1）M00（程序暂停）。执行 M00 指令，主轴停、进给停、切削液关、程序停止。欲继续执行后续程序，应按操作面板上的"循环启动"键。该指令方便操作者进行刀具和工件的尺寸测量、工件调头、手动变速等操作。

（2）M01（选择停止）。该指令与 M00 功能相似，不同的是，M01 只有在机床操作面板上的"选择停止"开关处于"开"状态时，此功能才有效。

（3）M02（程序结束）。该指令表示加工程序全部结束，机床的主轴、进给、切削液全部停止，一般放在主程序的最后一个程序段中。

（4）M03（主轴正转）。主轴转速由主轴转速功能字 S 指定。

（5）M04（主轴反转）。该指令使主轴反转。

（6）M05（主轴停止）。在 M03 或 M04 指令作用后，可以用 M05 指令使主轴停止。

（7）M08（切削液开）。该指令使切削液打开。

（8）M09（切削液关）。该指令使切削液关闭。

（9）M30（程序结束并返回到程序开始）。该指令与 M02 功能相似，只是 M30 兼有控制返回零件程序头的作用。

4）进给功能字

进给功能字的地址符是 F，它用来指定各运动坐标轴及其任意组合的进给量或螺纹导程。该指令是模态代码。现代数控机床一般都使用直接指定法，即 F 后跟的数字就是进给速度的大小。例如，F80 表示进给速度是 80mm/min。这种表示较为直观，为用户编程带来方便。

有的数控系统，可用 G94/G95 来设定进给速度的单位。G94 表示进给速度与主轴速度无关的每分钟进给量，单位为 mm/min；G95 表示与主轴速度有关的主轴每转进给量，单位为 mm/r。

5）主轴转速功能字

主轴转速功能字的地址符是 S，它用来指定主轴转速或速度，单位为 r/min 或 m/min。该指令是模态代码。其表示方法采用直接指定法，即 S 后跟的数字就是主轴转速的大小。例如，S800 表示主轴转速为 800r/min。

6）刀具功能字

刀具功能字的地址符是 T，它用来指定加工中所用刀具和刀补号。该指令是模态代码。常用的表示方法是 T 后跟 2 位数字或 4 位数字。

任务 2　数控编程的数学运算

在数控加工编程时，需要对工件各基点、节点的坐标值进行计算，以便更好地保证刀具运行轨迹的正确性，从而达到工件各尺寸合格的技术要求。因此，正确掌握基本的数学处理是很有必要的。

数学运算的内容主要包括数值换算、尺寸链解算、坐标值计算和辅助计算等。

1. 数值换算

在很多情况下，当其图样上的尺寸基准与编程时所需的尺寸基准不一致时，应首先将图样上的基准尺寸换算为编程坐标系中的尺寸，以便用于下一步数学处理工作。

数值换算的处理包含两个方面：一是直接换算；二是间接换算。直接换算是指直接通过图样上的标注尺寸，即可获得编程尺寸的一种方法。进行直接换算时，对图样上给定的基本尺寸或极限尺寸的中值，经过简单的加、减等运算后便可达到所需要求。

例如在图 1-70（b）中，除尺寸 42.1mm 外，其余尺寸均属直接按图 1-70（a）标注尺寸经换算后而得到的编程时的尺寸。其中，ϕ59.94mm、ϕ 20mm 与 140.08mm 三个尺寸为分别取两极限尺寸平均值后得到的编程尺寸。在取极限尺寸中值时，一般取小数点后 2 位（0.01），基准孔按照"四舍五入"的方法，基准轴则将第 3 位进上。

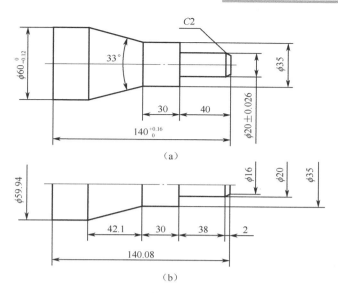

图 1-70　标注尺寸换算

　　图样中的尺寸需通过平面几何、三角函数等计算方法进行必要的解算后才能得到其编程尺寸。用间接换算方法所换算出来的尺寸，可以是直接时所需的基点坐标尺寸，也可以是计算某些点坐标值所需要的中间尺寸。图 1-70（b）中的 42.1mm 就属于间接换算后得到的编程尺寸。

　　对于由直线和圆弧组成的零件轮廓，采用手工编程时，常利用直角三角形的几何关系进行基点坐标的数值计算。

2. 尺寸链解算

　　在数控加工中，除了要准确地得到其编程尺寸外，还要得到某些重要尺寸的允许变动量，这通过尺寸链解算才能得到。

　　例如，在如图 1-71 所示的齿轮装配中，要求装配后齿轮端面与箱体凸台端面之间具有 0.1～0.3mm 的轴向间隙，已知 $B_1 = 80^{+0.1}_{0}$ mm，$B_2 = 60^{0}_{-0.06}$ mm，问：B_3 应控制在什么范围内才能满足装配要求？

　　解：根据题意，我们绘出装配图的基本尺寸链简图，如图 1-72 所示。

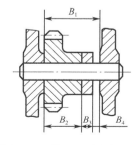

图 1-71　装配尺寸与间隙

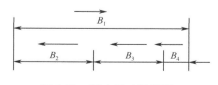

图 1-72　基本尺寸链简图

　　再确定封闭、增环和减环分别为 B_Δ、$\overrightarrow{B_1}$、$\overleftarrow{B_2}$、$\overleftarrow{B_3}$。

再列尺寸链方程式计算 B_3。则有：

$$B_\Delta = B_1 - (B_2 + B_3)$$
$$B_3 = B_1 - B_2 - B_\Delta$$
$$= 80 - 60 - 0$$
$$= 20\text{mm}$$

最后确定 B_3 极限尺寸：

$$B_{\Delta max} = B_{1 max} - (B_{2 min} + B_{3 min}) \qquad\qquad B_{\Delta min} = B_{1 min} - (B_{2 max} + B_{3 max})$$
$$B_{3 min} = B_{1 max} - B_{2 min} - B_{\Delta max} \qquad\qquad B_{3 max} = B_{1 min} - B_{2 max} - B_{\Delta min}$$
$$= 80.1 - 59.94 - 0.3 \qquad\qquad\qquad = 80 - 60 - 0.1$$
$$= 19.86\text{mm} \qquad\qquad\qquad\qquad = 19.9\text{mm}$$

所以，$B_3 = 20^{-0.10}_{-0.14}\text{mm}$。

3. 坐标值计算

编制加工程序时，计算坐标值的工作有基点的直接计算、节点的拟合计算及刀具中心轨迹的计算等。

坐标值计算的一般方法如图 1-73 所示。

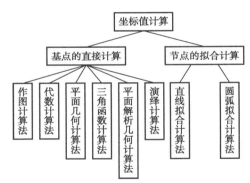

图 1-73　坐标值计算的一般方法

1）基点的直接计算

构成零件轮廓的不同几何素线的交点或切点称为基点，它可以直接作为其运动轨迹的起点或终点。图 1-74 中的 A、B、C、D、E 和 F 各点都是该零件轮廓上的基点。根据直接填写加工程序段时的要求，加工程序段主要有每条运动轨迹（线段）的起点或终点在选定坐标系中的各坐标值和圆弧运动轨迹的圆心坐标值。

基点直接计算的方法比较简单，一般根据零件图样所给定的已知条件由人工完成。

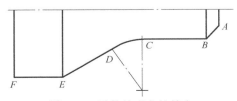

图 1-74　零件轮廓上的基点

2）节点的拟合计算

当采用不具备非圆曲线插补功能的数控机床加工非圆曲线轮廓的零件时，在加工程序的编制工作中，经常要用直线或圆弧去近似代替非圆曲线，称为拟合处理。

拟合线段的交点或切点就称为节点。如图 1-75 中的 G 点为圆弧拟合非圆曲线时的节点，B、C 和 D 点均为直线拟合非圆曲线时的节点。节点拟合计算的难度及工作量都较大，故宜通过计算机完成；必要时，也可由人工计算完成，但对编程者的数学处理能力要求较高。拟合结束后，还必须通过相应的计算，对每条拟合段的拟合误差进行分析。

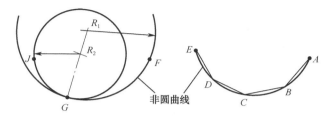

图 1-75　拟合与节点

4. 刀具中心运动轨迹的计算

当采用圆弧形车刀进行车削加工时，因刀位点规定在刀具中心（轴线）上，故编程时，应根据工件的加工轮廓和设定的刀具半径量，按刀具半径补偿方法编制其刀具中心运动轨迹的程序段。这时，所需的数学处理工作就是完成刀具中心运动轨迹上各基点或节点坐标值的计算。

5. 辅助计算

（1）辅助程序段的坐标值计算。这项工作主要包括计算刀具在切削开始之前，从对刀点（或机床固定原点）到达切削起点间所需引入程序段中的坐标值，以及刀具离开被加工零件后，退出、换（转）刀或"回零"时所需空行程序段中的坐标值等。

（2）切削用量的辅助计算。这项计算主要指在编程工作中，对由经验估计的某切削用量（如主轴转速、进给速度，以及与切削深度相关的加工余量分配等）进行的分析与核对工作。

（3）脉冲数计算。对于某些规定采用脉冲数输入方式的数控系统，一般需要将其已经计算出的基点或节点坐标值，换算成编程所需脉冲数。

辅助计算还包括对数值计算误差的处理计算（如尾数取舍），有的编程工作还需要进行少量的数制换算等。

任务 3　了解数控加工的工艺设计

1. 数控加工工艺系统概述

1）数控加工工艺概念与工艺过程

（1）工艺过程。数控加工工艺是指采用数控机床加工零件时，所运用各种方法和技术手段的总和，应用于整个数控加工过程。

数控加工工艺是伴随着数控机床的产生、发展而逐步完善起来的一种应用技术，它是人们大量数控加工实践的经验总结。数控加工工艺过程是利用切削刀具在数控机床上直接改变加工对象的形状、尺寸、表面位置、表面状态等，使其成为成品或半成品的过程。

数控加工过程是在一个由数控机床、刀具、夹具和工件构成的数控加工工艺系统中完成的。数控机床是零件加工的工作机械，刀具直接对零件进行切削，夹具用来固定被加工零件并使之占有正确的位置，加工程序控制刀具与工件之间的相对运动轨迹。工艺设计的好坏直接影响数控加工的尺寸精度和表面精度、加工时间的长短、材料和人工的耗费，甚至直接影响加工的安全性。所以掌握数控加工工艺的内容和数控加工工艺的方法非常重要。

（2）数控加工工艺与数控编程的关系。

① 数控程序。输入数控机床，执行一个确定的加工任务的一系列指令，称为数控程序或零件程序。

② 数控编程。即把零件的工艺过程、工艺参数及其他辅助动作，按动作顺序和数控机床规定的指令、格式，编成加工程序，再记录于控制介质即程序载体，输入数控装置，从而指挥机床加工并根据加工结果加以修正的过程。

③ 关系。数控加工工艺分析与处理是数控编程的前提和依据，没有符合实际的、科学合理的数控加工工艺，就不可能有真正可行的数控加工程序。数控编程就是将制定的数控加工工艺内容程序化。

2）数控加工工艺特点

由于数控加工采用了计算机控制系统和数控机床，使得数控加工与普通加工相比，具有加工自动化程度高、精度高、质量稳定、生成效率高、周期短、设备使用费用高等特点。数控加工工艺上与普通加工工艺也具有一定的差异。

（1）数控加工工艺内容要求更加具体、详细。普通加工工艺中的许多具体工艺问题，如工步的划分与安排、刀具的几何形状与尺寸、走刀路线、加工余量、切削用量等，在很大程度上由操作人员根据实际经验和习惯自行考虑和决定，一般无须工艺人员在设计工艺规程时进行过多的规定，零件的尺寸精度也可由试切保证。数控加工工艺中的所有工艺问题必须事先设计和安排好，并编入加工程序中。数控工艺不仅包括详细的切削加工步骤，还包括工夹具型号、规格、切削用量和其他特殊要求的内容，以及标有数控加工坐标位置的工序图等。在自动编程中更需要确定详细的各种工艺参数。

（2）数控加工工艺要求更严密、精确。普通加工工艺在加工时，可以根据加工过程中出现的问题，比较自由地进行人为调整。数控加工工艺自适应性较差，对加工过程中可能遇到的所有问题必须事先精心考虑，否则导致严重的后果。例如攻螺纹时，数控机床不知道孔中是否已挤满切屑，是否需要退刀清理切屑后再继续加工。又如非数控机床加工，可以多次"试切"来满足零件的精度要求；而数控加工过程，严格按规定尺寸进给，要求准确无误。因此，数控加工工艺设计要求更加严密、精确。

（3）零件图形的数学处理和计算。编程尺寸并不是零件图上设计的尺寸的简单再现。在对零件图进行数学处理和计算时，编程尺寸设定值需要根据零件尺寸公差要求和零件的形状几何关系重新调整计算，才能确定合理的编程尺寸。

（4）考虑进给速度对零件形状精度的影响。制定数控加工工艺时，选择切削用量要考虑进给速度对加工零件形状精度的影响。在数控加工中，刀具的移动轨迹是由插补运算完成的。

根据插补原理分析，在数控系统已定的条件下，进给速度越快，插补精度越低，导致工件的轮廓形状精度越差。尤其在高精度加工时，这种影响非常明显。

（5）强调刀具选择的重要性。从零件结构方面来说，数控加工工艺性与普通机床加工工艺有所不同。一些在普通机械加工中工艺性不好的零件或结构，采用数控加工时则很容易实现，而有些用普通机床加工时，工艺性较好的情况却不适合数控加工，这是由数控加工的原理和特点决定的。图 1-76 给出在普通机床上用成型刀具加工三种沟槽的情形。从普通车床或磨床的切削方式进行工艺性判断，（a）的工艺性最好，（b）次之，（c）最差，因为（b）和（c）的槽刀具制造困难，切削抗力比较大，刀具磨损后不易重磨。若改用数控机床加工，如图 1-77 所示，则（c）的工艺性最好，（b）次之，（a）最差，因为（a）在数控机床上加工时仍要用成型槽刀切削，不能充分利用数控加工走刀灵活的特点，（b）和（c）则可用通用的外圆刀具加工。

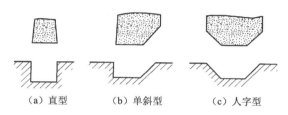

（a）直型　　　（b）单斜型　　　（c）人字型

图 1-76　普通机床上用成型刀具加工沟槽

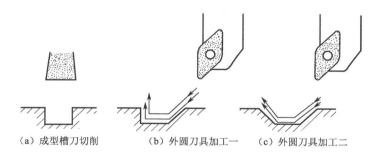

（a）成型槽刀切削　　（b）外圆刀具加工一　　（c）外圆刀具加工二

图 1-77　在数控机床上加工不同的沟槽

又如图 1-78 所示的端面形状比较复杂的盘类零件，其轮廓剖面由多段直线、斜线和圆弧组成。虽然形状比较复杂，但用标准的 35°刀尖角的菱形刀片可以毫无干涉地完成整个型面的切削，完全适合数控加工。

（6）数控加工工艺的特殊要求。

① 由于数控机床比普通机床的刚度高，所配的刀具也较好，因此在同等情况下，数控机床切削用量比普通机床大，加工效率也较高。

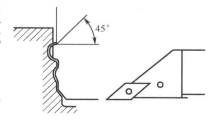

图 1-78　复杂轮廓面的数控加工

② 数控机床的功能复合化程度越来越高，因此现代数控加工工艺的明显特点是工序相对集中，表现为工序数目少、工序内容多，并且由于在数控机床上尽可能安排较复杂的工序，所以数控加工的工序内容比普通机床加工的工序内容复杂。

③ 由于数控机床加工的零件比较复杂，因此在确定装夹方式和夹具设计时，要特别注

意刀具与夹具、工件的干涉问题。

（7）数控加工工艺的特殊性。在普通工艺中，划分工序、选择设备等重要内容，对数控加工工艺来说属于已基本确定的内容，所以制定数控加工工艺的着重点是整个数控加工过程的分析，关键在确定进给路线及生成刀具运动轨迹。复杂表面的刀具运动轨迹生成需借助自动编程软件，既是编程问题，当然也是数控加工工艺问题。这也是数控加工工艺与普通加工工艺的最大不同之处。

2. 数控加工工艺文件

将工艺规程的内容填入一定格式的卡片中，用于生产准备、工艺管理和指导技术工人操作等各种技术文件称为工艺文件。它是编制生产计划、调整劳动组织、安排物质供应、指导技术工人加工操作及技术检验等的重要依据。编写数控加工技术文件是数控加工工艺设计的内容之一。这些文件既是数控加工和产品验收的依据，也是操作者需要严格遵守和执行的规程。数控加工工艺文件还作为加工程序的具体说明或附加说明，其目的是让操作者更加明确程序的内容、安装与定位方式、各加工部位所选用的刀具及其他需要说明的事项，以保证程序的正确运行。

数控加工工艺文件主要包括数控加工工序卡、数控刀具调整单、机床调整单、零件加工程序单等。对这些文件目前还没有一个统一的国家标准，但各企业可根据本单位的特点制定上述工艺文件。

1）数控加工编程任务书

数控加工编程任务书记载并说明了工程技术人员对数控加工工序的技术要求、工序说明以及数控加工前应保证的加工余量。它是程序编辑技术人员与工艺制定技术人员协调加工工作和编制数控程序的重要依据之一，见表1-10。

表 1-10 数控加工编程任务书

年　月　日

××××× 工程技术部	数控加工编程任务书	产品零件图号		任务书编号	
		零件名称			
		数控设备		共　页第　页	
主要工序说明及技术要求 1. ×××××××××× 2. ××××××××××					
编程收到日期		经手		批准	
编制		审核		编程	审核	批准

2）工序卡

数控加工工序卡与普通加工工序卡有许多相似之处，但也有不同处，不同的是数控加工工序卡中应反映使用的辅具、刀具切削参数、切削液等。它是操作技术人员配合数控程序进行数控加工的主要指导性工艺资料。工序卡应按已确定的工步顺序填写，见表1-11。

表 1-11　数控加工工序卡

×××××	数控加工工序卡	产品名称或代号		零件名称		零件图号	
工艺序号	程序编号	夹具名称	夹具编号		使用设备		车间
工步号	工步内容		加工面	刀具号	刀具规格	主轴转速	进给速度	背吃刀量	备注
1									
2									
3									
4									
5									
⋮									
编制		审核		批准			共　页		第　页

3）数控加工进给路线图

在数控加工中，特别要防止刀具在运行中与夹具、零件等发生碰撞，为此必须设法在加工工艺文件中告诉操作技术人员关于程序中的刀具路线图。

为了简化进给路线图，一般采用统一约定的符号来表示，不同的机床可以采用不同的图例与格式，见表 1-12 和表 1-13。

表 1-12　数控加工进给路线图（一）

×××××	数控刀具加工进给路线图	比例	共　页
			第　页
零件图号		零件名称		
程序编号		机床型号		
刀　号				
刀具直径		加工要求说明		
直径补偿				
刀具长度				
运动坐标点坐标				
第一点				
第二点		加工零件图样		
⋮				
编程员		审核	日期	

表 1-13　数控加工进给路线图（二）

刀具加工路线进给图		零件图号		工序号		工步号	
程序编号		设备型号		程序段号		加工内容	
加工零件图样							
符号							
含义							
编程		核对		审核		共　　页	第　　页

4）数控刀具调整单

数控刀具调整单主要包括数控刀具卡片与数控刀具明细表。

数控加工时，对刀具的要求十分严格，一般要在机外对刀仪上事先调整好刀具直径和长度。数控刀具卡片主要反映刀具编号、刀具结构、尾柄规格、组合件名称代号、刀片型号和刀具材料等，它是组装刀具和调整刀具的合理依据。数控刀具卡片的规格见表 1-14。

数控刀具明细表是调刀人员调整刀具输入的主要依据。数控刀具明细表规格见表 1-15。

表 1-14　数控刀具卡片

零件图号			数控刀具卡片			使用设备	
刀具名称							
刀具编号		换刀方式		程序编号			
刀具组成	序号	编号	刀具名称	规格	数量	备注	
	1						
	2						
	3						
	4						
	5						
刀具组成外形图							
备注							
编制		审核		批准		共　　页	第　　页

表 1-15 数控刀具明细表

零件图号	零件名称	材料	数控刀具明细表						程序编号	车间	使用设备
刀号	刀位号	刀具名称	刀具图号	刀具			刀补地址		换刀方式	加工部位	
				直径/mm		长度/mm					
				设定	补偿	设定	直径	长度	自动/手动		
编制		审核		批准		年 月 日		共 页		第 页	

5）数控机床调整单

数控机床调整单是机床操作技术人员在加工前调整机床的依据。它主要包括机床控制面板开关调整单、工件装夹和零点设定卡片。

（1）机床控制面板开关调整单见表 1-16。

表 1-16 机床控制面板开关调整单

零件号		零件名称		工序号		制表	
F-位码调整旋钮							
F1		F2		F3		F4		F5	
F6		F7		F8		F9		F10	
刀具补偿拨盘							
1				6			
2				7			
3				8			
4				9			
5				10			
各轴切削开关位置							
X				Z			
垂直校验开关位置							
工件冷却							

（2）工件装夹和零点设定卡片

工件装夹和零点设定卡片标明了数控加工零件的定位与夹紧方法以及零件零点设定的位置和坐标方向，还有使用夹具的名称和编号等，其格式见表1-17。

表 1-17 工件装夹和零点设定卡片

零件图号		工件装夹和零点设定卡片		工序号		
零件名称				装夹次数		
零件加工图样						
				...		
				4		
				3		
				2		
编制	审核	批准	共　页	1		
			第　页	序号	夹具名称	夹具图号

6）数控加工程序单

数控加工程序单是编程技术人员根据零件工艺分析情况，经过数值计算，按照机床设备特点的指令代码编制的。因此，对加工程序进行详细说明是必要的，特别是某些需要长期保存和使用的程序。根据实践，其说明内容一般有：

（1）数控加工工艺过程。

（2）工艺参数。

（3）位移数据的清单以及手动输入（MDI）和置备控制介质。

（4）对程序中编入的子程序应说明其内容。

（5）其他需要特殊说明的问题。

3. 数控加工中的坐标系

在数控机床中，刀具的运动是在坐标系中进行的。在一台机床上，有各种坐标系以及坐标，认真理解这些参照对使用、操作机床以及编程都很重要。

1）机床标准坐标系

对于数控机床中的坐标系和运动方向命名，ISO标准和我国标准JB/T3051—2001都统一规定采用标准的右手笛卡儿直角坐标系，使用一个直线进给运动或一个圆周进给运动定义一个坐标轴。

（1）坐标系的构成。标准中规定直线进给运动用右手直角笛卡儿坐标系 X、Y、Z 表示，常称基本坐标系。X、Y、Z 坐标轴的相互关系用右手定则决定。

如图1-79所示，大拇指的指向为 X 轴的正方向，食指指向为 Y 轴的正方向，中指指向为 Z 轴的正方向。围绕 X、Y、Z 轴旋转的圆周进给坐标分别用 A、B、C 表示。根据右手螺旋法则，可以方便地确定 A、B、C 三个旋转坐标轴。以大拇指指向+X、+Y、+Z 方向，则食指、中指等的指向是圆周进给运动+A、+B、+C 方向。

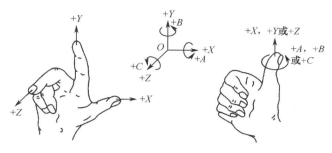

图1-79 标准坐标系

如果数控机床的运动多于 X、Y、Z 三个坐标，可用附加坐标轴 U、V、W 分别来表示平行于 X、Y、Z 三个坐标轴的第二组直线运动；如果在回转运动 A、B、C 外还有第二组回转运动，可分别指定为 D、E、F。不过，大部分数控机床加工只需三个直线坐标轴及一个旋转轴便可完成大部分零件的数控加工。

（2）运动方向的确定。数控机床的进给运动，有的是刀具向工件运动来实现的，有的是由工作台带着工件向刀具来实现的。为了在不知道刀具、工件之间如何做相对运动的情况下，便于确定机床的进给操作和编程，必须弄清楚各坐标轴的运动方向。

① Z 轴的确定。Z 坐标的运动由传递切削力的主轴决定，可表现为加工过程带动刀具旋转，也可表现为带动工件旋转。对于有主轴的机床则与主轴轴线平行的标准坐标轴为 Z 坐标，远离工件的刀具运动方向为 Z 轴正方向，如图1-80、图1-81（a）、图1-81（b）所示。当机床有几个主轴时，则选一个垂直于工件装夹面的主轴为 Z 轴。对于没有主轴的机床则规定垂直于工件在机床工作台的定位表面的轴为 Z 轴（如刨床），如图1-81（c）所示。

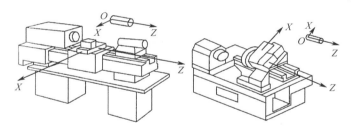

图1-80 卧式车床坐标系

② X 轴的确定。X 坐标轴是水平的，平行于工件的装夹面，且平行于主要的切削方向。对于加工过程主轴带动工件旋转的机床（如车床、磨床等），X 坐标轴的方向沿工件的径向，平行于横向滑座或其导轨，刀架上刀具或砂轮远离工件旋转中心的方向为 X 轴正方向，如图1-80所示。对于加工过程主轴带动刀具旋转的机床（铣床、钻床、镗床等），如果 Z 轴是水平的（卧式），则从主轴向工件方向看，X 轴的正方向指向右方，如图1-82（a）所示。如果 Z 轴是垂直的（立式），则从主轴向立柱方向看，X 轴的正方向指向右方，如图1-82（b）所示。

③ Y 轴的确定。根据 X、Z 轴及其方向，按右手直角笛卡儿坐标系即可确定 Y 轴的方向。

2）机床原点和机床参考点

（1）机床原点。机床原点是机床基本坐标系的原点，是工件坐标系、机床参考点的基准点，又称机械原点、机床零点。它是机床上的一个固定点，其位置是由机床设计和制造单位确定的，通常不允许用户更改，如图 1-82 所示。

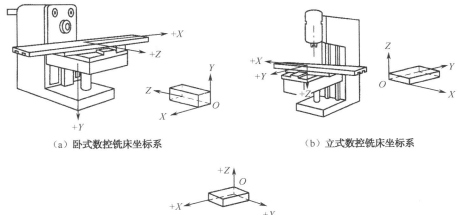

（a）卧式数控铣床坐标系　　　　　　　　　　（b）立式数控铣床坐标系

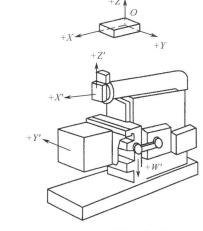

（c）牛头刨床坐标系

图 1-81　常用机床坐标系

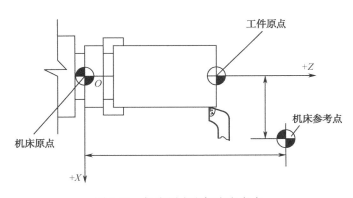

图 1-82　机床原点和机床参考点

机床原点在机床装配、调试时就已确定下来了，是数控机床进行加工运动的基准参考点。在数控车床上，机床原点一般在卡盘端面与主轴中心线的交点处；对于数控铣床的机床原点，各生产厂家不一致，有的在机床工作台的中心，有的在进给行程的终点。

（2）机床参考点。机床参考点是机床坐标系中一个固定不变的点，是机床各运动部件在各自的正方向自动退至极限的一个点（由限位开关精密定位），如图 1-83 所示。机床参考点已由机床制造厂家测定后输入数控系统，并记录在机床说明书中，用户不得更改。

实际上，机床参考点是机床上最具体的一个机械固定点，既是运动部件返回时的一个固定点，又是各轴启动时的一个固定点，而机床零点（机床原点）只是系统内运算的基准点，位于机床何处无关紧要。机床参考点对机床原点的坐标是一个已知定值，可以根据该点在机床坐标系中的坐标值间接确定机床原点的位置。

在机床接通电源后，通常要做回零操作，使刀具或工作台运动到机床参考点。注意，通常我们所说的回零操作，其实是指机床返回参考点的操作，并非返回机床零点。当返回参考点的工作完成后，显示器即显示出机床参考点在机床坐标系中的坐标值，表明机床坐标系已经自动建立。

机床在回参考点时所显示的数值表示参考点与机床零点间的工作范围，该数值被记忆在 CNC 系统中，并在系统中建立了机床零点作为系统内运算的基准点。也有的机床在返回参考点时，显示为零（0，0，0），这表示该机床零点被建立在参考点上。

许多数控机床都设有机床参考点，该点至机床原点在其进给坐标轴方向上的距离在机床出厂时已确定，它是由机床制造厂家精密测量确定的，有的机床参考点与原点重合。一般来说，机床的参考点为机床的自动换刀位置，如图 1-83 所示。

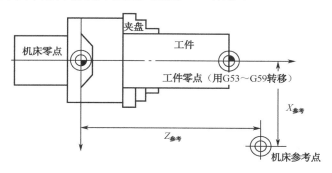

图 1-83　机床参考点

3）工件坐标系和工件原点

工件坐标系是编程人员在编程时使用的，由编程人员以工件图纸上的某一固定点为原点所建立的坐标系，编程尺寸都按工件坐标系中的尺寸确定。为保证编程与机床加工的一致性，工件坐标系也应该是右手笛卡儿坐标系，而且工件装夹到机床上时，应使工件坐标系与机床坐标系的坐标轴方向保持一致。

（1）工件原点的概念。在工件坐标系上，确定工件轮廓的编程和计算原点，称为工件坐标系原点，简称为工件原点，也称编程原点。工件原点在工件上的位置可以任意选择，为了有利于编程，工件原点最好选在工件图样的基准上或工件的对称中心上，如回转体零件的端面中心、非回转体零件的角边、对称图形的中心等。

在数控车床上加工零件时，工件原点一般设在主轴中心线与工件右端面或左端面的交点处；在数控铣床上加工零件时，工件原点一般设在工件的某个角上或对称中心上，如图 1-84 所示。

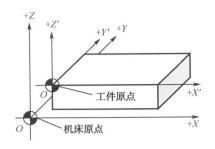

图1-84　铣床坐标系

在加工中，由于工件的装夹位置相对于机床来说是固定的，所以工件坐标系在机床坐标系中的位置也就确定了。

（2）工件原点的应用。为了编程方便，可将方便计算的点作为编程原点，如图1-85所示的台阶轴工件，用机床原点编程时，车端面和各台阶长度都要进行烦琐的计算。如果以工件$\phi36\text{mm}$端面为编程原点，也就是将工件编程零点从机床零点M偏置到$\phi36\text{mm}$端面W，如图1-86所示，编程时就方便多了。

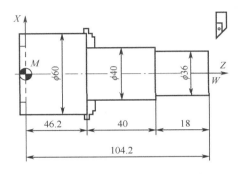

图1-85　选用机床原点为编程原点

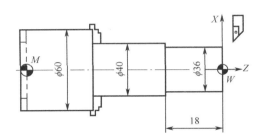

图1-86　选用工件右端面为编程原点

4）工件坐标系和机床坐标系的关系

数控编程时，所有尺寸都按工件坐标系中的尺寸确定，不必考虑工件在机床上的安装位置和安装精度，但在加工时需要确定机床坐标系、工件坐标系、刀具起点三者的位置才能加工。工件装夹在机床上后，可通过对刀确定工件在机床上的位置。

数控加工前，通过对刀操作来确定工件坐标系与机床坐标系的相互位置关系。加工时，工件随夹具在机床上安装后，测量工件原点与机床原点之间的距离，这个距离称为工件原点偏置，如图1-87所示。在用绝对坐标编程时，该偏置值可以预存到数控装置中，在加工时，工件原点偏置值可以自动加到机床坐标系上，使数控系统可按机床坐标系确定加工时的坐标值。

5）确定刀具与工件的相对位置

数控加工时，需要确定以下参照点。

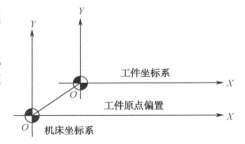

图1-87　工件原点偏置

（1）对刀点。对刀点也叫起刀点，用于确定刀具与工件的相对位置。对刀点可以是工件或夹具上的点，或者与它们相关的易于测量的点。对刀点确定之后，机床坐标系与工件坐标系的相对关系就确定了。图1-88所示的点Z即对刀点。

对刀点可以设置在被加工零件上，也可以设置在夹具上与零件定位基准有一定尺寸联系的某一位置上，有时对刀点就选择在零件的加工原点。对刀点的设置原则如下。

① 所选的对刀点应使程序编制简单。

② 对刀点应选择在容易找正、便于确定零件加工原点的位置。

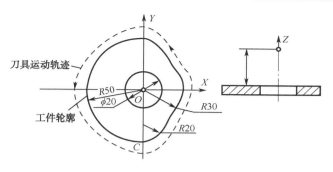

图 1-88　确定对刀点

③ 对刀点应选在加工时检验方便、可靠的位置。

④ 对刀点的选择应有利于提高加工精度。

（2）刀位点。刀位点是指刀具的定位基准点。在进行数控加工编程时，往往是将整个刀具浓缩为一个点，即刀位点。

如图 1-89 所示，圆柱铣刀的刀位点是刀具中心线与刀具底面的交点；球头铣刀的刀位点是球头的球心点或球头顶点；车刀的刀位点是刀尖或刀尖圆弧中心；钻头的刀位点是钻头顶点。

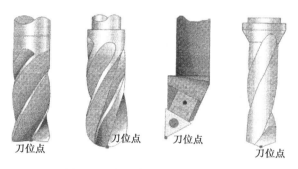

图 1-89　常用数控刀具的刀位点

对刀就是使"对刀点"与"刀位点"重合的操作。对刀时，直接或间接地使对刀点与刀位点这两点重合，如图 1-90 所示。

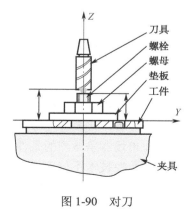

图 1-90　对刀

（3）换刀点。换刀点可以是某一固定点（如加工中心，其换刀机械手的位置是固定的），也可以是任意一点（如数控车床）。为防止换刀时碰伤零件与其他部件，换刀点常常设置在被加工零件或夹具的轮廓之外，并留有一定的安全量。

项目 4　安全生产与机床的维护、保养

学习目标

 ✧ 了解数控技能培训的意义。
 ✧ 掌握安全文明生产的要求与内容。
 ✧ 掌握数控机床日常的维护与保养。
 ✧ 掌握数控机床常见故障的分析和处理方法。

任务 1　领会安全生产知识

1. 数控技能培训的重要意义

制造业是国民经济的主体，社会财富的 60%～80%来自制造业。数控机床在机械造业中得到了日益广泛的应用，数控技能的培训也已迫在眉睫。

1）激烈的国际竞争市场

在经济全球化的格局下，国际市场竞争异常激烈，美国、日本等老牌经济强国利用其在技术、资金上的优势，千方百计地保持长期的经济垄断地位，而东南亚地区等新兴工业国家则相继制定了经济长远发展战略，雄心勃勃地试图成为经济大国。我国在国际分工中已经争取到比较有利的地位，特别是加入世贸组织后，中国制造业正由跨国公司的加工组装基地向世界制造业基地转变。但中国经济要实现长期可持续高速发展，达到成为"世界制造中心"的目标，除了需要政策环境等方面的支撑外，更需要大批具有较高素质的制造业专业人才作为人力资源方面的支撑。

2）产业结构的转变需要数控技术的应用

目前，我国的产业结构已发生了重大变化，正处于传统的农业经济走向新型工业化的过程。为了增强竞争能力，中国制造业（军工、装备制造、汽车等行业）进行了大规模技术改造，使中国在 2002 年成为世界第一大机床消费国。数控机床在机械造业中得到了日益广泛的应用（美国的数控机床已占机床总数的 80%以上），因为它有效地解决了复杂、精密、小批量、多品种的零件加工问题，能满足高质量、高效益的柔性生产方式的要求，适应各种机械产品迅速更新换代的需要，经济效益显著，代表着当今机械加工技术的趋势与潮流，数控机床的广泛应用是现代机械制造企业在市场竞争激烈的条件下生存与发展的必然要求。

随着社会生产和科学技术的进步，数控技术不仅应用于机床的控制，还用于控制其他设备，如数控线切割机、数控绘图机、数控测量机、数控冲剪机等，仅数控机床就有数控车床、数控铣床、数控钻床、数控磨床、数控镗床以及数控加工中心等。

3）数控技术的应用需要一批高技能人才

由于先进技术和装备的广泛应用，导致熟练掌握先进技术、工艺和技能的应用型人才严重短缺。"高薪难聘高级技工"成为全社会普遍关注的热点问题。这严重阻碍了国家制造业整体制造实力的提高和国家经济的进一步发展，数控高技能人才的培养迫在眉睫，行业呼声日益高涨。因此，应进一步增强数控技术实践操作能力，以便能够系统、完整地掌握数控机床技术，更快、更好地适应机械行业发展的需要。

2．职业要求

由于人们职业的不同，便在特定的职业活动中形成了各自特殊的职业关系、特殊的职业利益、特殊的职业义务和特殊的职业活动范围与方式，从而也就形成了特殊的职业行为规范和职业要求。

数控机床工作中应遵守的规范与原则，一方面是数控加工行业对社会所应承担的义务与责任的概括，另一方面也对数控操作技术人员的行为要求。

1）职业对部门的要求

采用立法和技术、管理措施保护劳动者在生产劳动过程中的安全健康和劳动能力，促进社会主义现代化的建设和发展是企业对技能人才的劳动保护需要，是社会主义制度下一件根本性的大事，做好劳动保护有利于保障生产的顺利进行；有利于调动技能人才的积极性和创造性。这就要求国家制定劳动保护的方针和法规，监督企业贯彻执行。企业应实现生产过程的机械化、密闭化和自动化，采用各种防护装置等技术手段，制定安全的制度，开展安全教育并加强管理。

2）职业对技能人才的要求

数控技能职业守则规定如下：

（1）遵守法律、法规和行业与公司等有关的规定。

（2）爱岗敬业，具备高尚的人格与高度的社会责任感。

（3）工件认真负责，具有团队合作精神。

（4）着装整洁，工作规范，符合规定。

（5）严格执行工作程序，安全文明生产。

（6）爱护设备，保持工件环境的清洁。

（7）爱护工、量、夹、刀具和设备。

3．安全文明生产

"高高兴兴上班来，平平安安回家去"是职场安全的基本要求，因此在生产中必须严格按规范操作。

1）文明生产和安全操作注意事项

（1）文明生产。文明生产是现代企业制度中一项十分重要的内容，而数控加工是一种先进的加工方法，与普通机床加工相比，数控机床自动化程度高。操作者除了应掌握好数控机床的性能外，还应用心去操作。一是要管好、用好和维护好数控机床，二是必须养成文明生产的良好工作习惯和严谨的工作作风，也必须具备良好的职业素养、强烈责任心和较好的合作精神。

（2）安全操作注意事项。要使数控机床能充分发挥出其应有的作用，必须严格按照数控机床操作规程去做，具体要求如下。

① 进入数控实训场地后，应服从安排，不得擅自启动或操作机床数控系统。

② 按规定穿戴好工作服、帽子、护目镜等。

③ 不准穿高跟鞋、拖鞋上岗，更不允许戴手套和围巾进行操作。

④ 开动数控机床前应仔细检查数控机床各部分结构是否完好，各传动手柄、变速手柄的位置是否正确，还须按要求认真对数控机床进行润滑保养。

⑤ 操作、使用数控系统面板时，对各按键、按钮及开关的操作不得用力过猛，更不允许用扳手或其他工具进行操作或敲击。

⑥ 严禁两人同时操作数控机床，防止意外伤害事故发生。

⑦ 手动操作中，应注意观察，防止刀架、刀架电动机与数控机床的某些部位发生碰撞，造成设备或刀具的损坏。

⑧ 数控机床使用中，发现问题应及时停机并迅速汇报。

⑨ 完成对刀后，要做模拟换刀试验，以防止正式操作时发生撞坏刀具、工件或设备的事故。

⑩ 数控机床进行自动加工时，应关闭防护门，随时注意观察。在加工过程中，不允许离开操作岗位，以确保安全。

⑪ 观察者应选择好观察位置，不要影响操作者的操作，不得随意开启防护门、罩进行观察。

⑫ 实训中严禁疯逗、嬉闹、大声喧哗。

⑬ 实训结束时，应按规定对数控机床进行保养，并认真做好车床使用记录或交接班记录。

⑭ 遵守实训场地的安全规定，保持实习环境的卫生。

任务2　机床的维护、保养

1．数控机床维护的基本含义、目的与内容

1）数控机床维护的基本含义

数控机床维护应包括两个方面的含义：一是日常的维护，这是为了延长平均无故障的时间；二是故障维修，此时要缩短平均修复时间。为了延长各元器件的寿命和正常机械磨损期，防止恶性事件的发生，争取机床在能在较长时间内正常工作，必须对数控机床进行维护保养。

2）数控机床维护的基本目的

数控机床维护的基本目的是提高数控设备的可靠性。数控设备的可靠性是指在规定时间内、规定的工作条件下维持无故障的能力。

3）数控机床维护管理的基本内容

维护管理的基本内容包括选择合理的维修方式、建立专业维修组织和维修协作、做好备件的国产化三个方面。

（1）选择合理的维护方式。设备维护方式可以分为事后维修、预防维修、改善维修、预知维修或状态维修等。如果从修理费用、停产损失、维修组织和维修效果等方面衡量，每一

种维修方式都有它的优点和不足。选择最佳的维修方式，可用最少的费用取得最好的修理效果。按规定进行日常维护、保养可大大降低故障率。

（2）建立专业维护组织和维护协作。有些数控机床一旦出现故障，企业就去请国外的专家上门维修，不但加重了企业负担，还延误了生产。因此，组建一支由电气工程师、机械工程师、机修钳工、电工和数控机床操作人员组成的维修队伍，建立维修协作网，特别是尽量与使用同类数控机床的单位建立友好联系，在资料收集、备件的调剂、维修经验的交流，人员的相互支援上互通有无，取长补短、大力协作，对数控机床的使用和维修能起到很好的推动作用。

（3）做好备件的国产化。做好备件的国产化有利于减少企业经济成本和及时的供应与方便维修。

2. 数控机床设备的管理

数控机床设备的管理采用 5S 管理法。它是现场管理的基础，是全面生产管理的前提，是全面品质管理的第一步。5S 现场管理法能够营造一种"人人积极参与，事事遵守标准"的良好氛围。5S 即 SEIRI（整理）、SEITON（整顿）、SEISO（清扫）、SEIKETSU（清洁）、SHITSUKE（素养）这 5 个日文单词的缩写，是指在生产现场中对人员、机器、材料、方法等生产要素进行有效的管理。5S 水平的高低，代表着管理者对现场管理认识程度的高低和管理水平的高低。

数控设备安装调试验收合格后即可正式投入使用，但在正式投入使用前必须做好各项准备工作。

1）编制设备管理制度文件

（1）设备投入使用准备。

① 设备使用管理规程，如保养责任制、操作证制、交接班制、岗位责任制、使用守则制等。

② 设备安全操作与维护规程。

③ 设备润滑卡片。

④ 设备日常检查（点检）和定期检查电卡片。

⑤ 其他技术文件。

（2）培训操作工人。通过技术培训使工人熟悉设备性能、结构、技术规范、操作方法，以及安全、润滑知识，明确各自岗位的技术经济责任。在有经验的师傅指导下实习操作技术，达到独立操作的水平。

（3）清点随机附件，配备各种检查维修工具，办理交接手续。

（4）全面检查设备的安装、精度、性能及安全装置。

2）设备使用初期安全管理内容

设备使用初期是指从安装试运转到稳定生产这一段时间（一般为半年左右）。加强设备使用初期管理，是为了使新设备避免出现早期故障，达到正常稳定地用于生产，满足质量、效率、安全的要求。加强设备初期管理还有利于发现设备从设计、制造、安装到使用初期出现的各种质量和安全方面的问题，进行信息反馈，及时纠正与处理。在设备使用初期还应根据运行中出现的情况，建立设备的管理内容，制定有关的安全操作规程。

设备使用初期安全管理的主要内容如下：

（1）及时处理安装试车过程中发现的问题，以保证调试投产进度。

（2）做好调试、故障、改进等有关记录，提出分析评价意见，填写设备使用鉴定书，供以后使用。

（3）对使用初期收集的信息进行分析处理。例如，向设计、制造单位反馈安装、调试方面的意见；向安装、试车单位反馈安装、调试方面的信息；向维修部门通报维修方面的建议；向规划、采购部门反馈规划、采购方面的信息。

（4）完善设备安全管理制度。设备正式投入使用前建立的管理制度，有的不全，有的与实际可能有出入，存在不完善之处，应尽快补充、完善，健全设备管理制度。

3）设备使用期安全管理一般要求

设备使用要求做到安全、合理。一方面要制止设备使用中的蛮干、滥用、超负荷、超性能、超范围使用，以免造成设备过度磨损、寿命降低，导致事故发生；另一方面要提高设备使用效率，避免设备因闲置而造成无形磨损。

（1）实行设备使用保养责任制。将设备指定机组或个人负责使用保养，确定合理的考核指标，把设备的使用效益与个人经济利益结合起来，设备安全性与个人安全责任结合起来。

（2）实行操作证制度。定机专人操作，操作人员必须经过专门考核，确认合格，发给操作证，无证操作按严重违章事故处理。

（3）操作人员必须按规程要求搞好设备保养，保持设备处于良好状态。

（4）遵守磨合期使用规定。新出厂或大修后的设备必须根据磨合要求运行保养，才可以投入正常使用。

（5）单机或机组核算制。以定额为基础，确定设备生产能力、消耗费用、保养修理费用、安全运行指标等标准，并按标准考核。

（6）创造良好的设备使用环境，确保设备安全使用，充分发挥效益。做到采光照明良好、取暖通风、防尘、防腐、防震、降温、防噪声、卫生条件良好，安全防护充分，工具、图纸和加工件都要放在合适位置，提供必要的监测、诊断仪器和检修场所。

（7）合理组织设备生产、施工。在安排生产计划时，必须安排维修时间，必须贯彻"安全第一，预防为主"的方针，在使用与维修发生矛盾时，应坚持"先维修，后使用"的原则，防止拼装设备。

（8）培养设备的使用、维修和管理人员。现代化设备需要由掌握科学技术知识的人员来操作、维护与管理，才能更好地发挥设备的作用。

（9）坚持总结、研究、学习和推广设备使用管理的先进科学知识、技术和经验。

（10）建立设备资料档案管理制度，包括设备使用说明书等原始技术文件、交接登记、运转记载、点检记录、检查整改情况、维修记录、事故分析和技术改造资料等的收集、整理和保管。

3. 设备的日常维护

1）数控车床的日常维护

（1）检查要点。数控车床的检查要点包括每日、每月和半年检查要点，见表1-18。

表 1-18　数控车床的检查要点

周期	检查要点	内容与要求
每日	接通电源前的检查	1. 检查机床的防护门、电柜门是否关闭 2. 检查工具、量具等是否已准备好 3. 检查床身的切屑是否已清理干净 4. 检查冷却液、液压油、润滑油的油量是否充足 5. 检查所选择的液压卡盘的夹持方向是否正确
	接通电源后检查	1. 显示屏上是否有报警显示，若有问题应及时予以处理 2. 检查操作面板上的指示灯是否正常，各按钮、开关是否处于正确位置 3. 液压装置的压力表指示是否在所要求的范围内 4. 各控制箱的冷却风扇是否正常运转 5. 刀具是否正确夹紧在刀架上，回转刀架是否可靠夹紧，刀具是否有损伤 6. 若机床带有导套、夹簧，应确认其调整是否合适
	机床运转后的检查	1. 有无异常现象 2. 运转中，主轴、滑板处是否有异常噪声
每月	检查主轴的运转情况	主轴以最高转速一半左右的转速旋转 30min，用手触摸壳体部分，感觉温和为正常
	检查 X、Z 轴行程限位开关、各急停开关动作是否正常	用手按压行程开关的滑动轮，若有超程报警显示，说明限位开关正常。同时清洁各接近开关
	检查 X、Z 轴的滚珠丝杠	若有污垢，应清理干净，若表面干燥，应涂润滑脂
	检查回转刀架	润滑状态要良好
	检查导套装置	1. 检查导套内孔状况，看是否有裂纹、毛刺。若有问题，予以修整 2. 检查并清理导套前面盖帽内的切屑
	检查润滑装置	1. 检查并清理冷却槽内的切屑 2. 检查润滑油管路是否损坏，管接头是否有松动、漏油现象 3. 检查润滑泵的排油量是否符合要求
	检查液压装置	1. 检查液压管路是否有损坏，各管接头是否有松动或漏油现象 2. 检查压力表的工作状态。通过调整液压泵的压力，检查压力表的指针是否工作正常
每半年	检查主轴	1. 检查主轴孔的振摆 2. 检查编码盘用同步皮带的张力及磨损情况 3. 检查主轴传动皮带的张力及磨损情况
	检查刀架	主要看刀时其换位动作的连贯性，以刀架夹紧、松开时无冲击为好
	其他部位与参数检查	1. 检查各插头、插座、电缆、各继电器的触点是否接触良好 2. 检查各印制电路板是否干净 3. 检查主电源变压器、各电动机的绝缘电阻（应在 1MΩ 以上） 4. 检查润滑泵装置浮子开关的动作状况 5. 检查导套装置 6. 检查断电后保存机床参数、工作程序用后备电池的电压值，视情况予以更换

（2）数控车床的润滑。数控车床的润滑系统主要包括机床导轨、传动齿轮、滚珠丝杠与主轴箱等的润滑，其形式有电动间歇润滑泵和定量式集中润滑泵。其中，电动间歇泵用得较多，其自动润滑时间和每次泵油量可根据润滑要求进行调整或用参数设定。

数控车床润滑示意图如图1-91所示，其润滑部位方法与材料见表1-19。

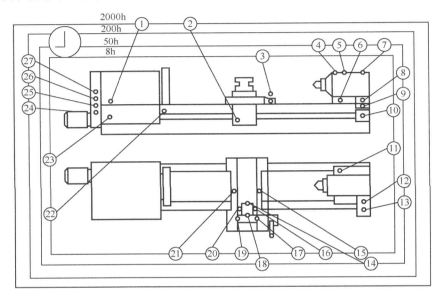

图 1-91　数控车床润滑示意图

表 1-19　数控车床各润滑部位的方法与材料

润滑部位编号	①	②	③	④~㉓	㉔~㉗
润滑方法					
润滑油材料	N46	N46	N46	N46	油脂
过滤精度/μm	65	15	5	65	—

2）数控铣床的日常维护

对数控铣床进行日常维护与保养，可延长电器件的使用寿命，防止机械部件的非正常磨损，避免发生意外的恶性事故，使机床始终保持良好状态，尽可能保持长时间的稳定工作。

要做好数控铣床日常维护与保养工作，要求数控铣床的操作人员必须经过专门培训，详细读数控铣床的说明书，对机床有一个全面的了解，包括机床结构特点和数控系统的工作原理等。不同类型的数控铣床日常维护的具体内容和要求不完全相同，但各维护期内的基本原则不变，以此可对数控铣床进行定点、定时的检查与维护。

（1）数控铣床的使用注意事项。数控铣床使用时应注意使用环境、与培训等方面的事宜，见表1-20。

表 1-20　**数控铣床使用时的注意事项**

注意事项	说明要求
数控铣床的使用环境	机床的位置应远离振源，避免潮湿和电磁干扰，避免阳光直接照射和热辐射的影响，环境温度应低于 30℃，相对湿度不超过 80%，使其置于有空调的环境
电源要求	电源电压波动必须在允许范围内（一般允许波动±10%），并且保持相对稳定，以免破坏数控系统的程序或参数。数控铣床采用专线供电或增设稳压装置，可以减少对供电质量的影响
数控铣床不宜长期封存	数控铣床长期封存不用会使数控系统的电子元器件由于受潮等原因而变质或损坏，即使无生产任务，数控铣床也需定时开机，利用机床本身的散热量来降低机床内的湿度，同时也能及时发现有无电池报警发生，以防止系统软件、参数丢失
注意培训和配备操作人员、维修人员及编程人员	数控铣床是高技术设备，只有相关人员的素质均较高，才能尽可能避免使用不当和操作不当对数控铣床造成的损坏

（2）数控铣床维护保养的内容。数控铣床的维护内容包括：数控铣床的正确使用、数控铣床各机械部件的维护、数控系统维护、伺服系统及常用位置检测装置的维护等。表 1-21 列举了一般数控铣床各维护周期需要维护与保养的主要内容，发现问题应及时采取必要的措施。

表 1-21　**数控铣床维护保养的内容**

检查部位	检查内容			
	每天	每月	每半年	每年
切削液箱	观察箱内注液面高度，及时添加	清理箱内积存切屑，更换切削液	清洗切削液箱、清洗过滤器	全面清洗更换过滤器
润滑油箱	观察油标上油面高度，及时添油	检查润滑泵工作情况，油管接头是否松动、漏油	清洁润滑箱、清洗过滤器	全面清洗更换过滤器
各移动导轨副	清除切屑与脏物，用软布擦净，检查润滑情况和划伤与否	清理导轨滑动面上的刮屑板	导轨副上的镶条、压板是否松动	检验导轨运行精度，进行校准
压缩空气泵	检查气泵控制压力是否正常	检查气泵工作状态是否正常、滤水管道是否畅通	空气管道是否渗漏	清洗气泵润滑油箱、更换润滑油
气源自动分水器、自动空气干燥器	检查气泵控制压力是否正常，观察分油器中滤出的水分，及时清理	擦净灰尘、清洁空气过滤网	空气管道是否渗漏、清洗空气过滤器	全面清洗、更换过滤器
液压系统	观察箱内液面高度、油压力是否正常	检查各阀工作是否正常、油路是否畅通、接头处是否渗漏	清洗油箱、清洗过滤器	全面清洗油箱、各阀，更换过滤器

检查部位	检查内容			
	每天	每月	每半年	每年
防护装置	清除切削区内防护装置上的切屑与脏物、用软布擦净	用软布擦净各防护装置表面、检查有无松动	折叠式防护罩的衔接处是否松动	因维护需要、全面拆卸清理
刀具系统	检查刀具夹持是否可靠、位置是否准确、刀具是否损伤	注意刀具更换后，重新夹持的位置是否正确	刀具是否完好、定位是否可靠	全面检查、必要时更换固定螺钉
CRT 显示屏与操作面板	注意报警显示、指示灯的显示情况	检查各轴限位与急停开关是否正常、观察CRT显示	检查面板上所有操作按钮、开关的功能情况	检查CRT电气线路、芯板等的连接情况并清除灰尘
强电柜与数控柜	冷风扇工作是否正常、柜门是否关闭	清洗控制箱散热风道的过滤网	清理控制箱内部，保持干净	检查所有电路板、插座、继电器和电缆的接触情况
主轴箱	观察主轴运转情况，注意声音、温度的情况	检查主轴上卡盘、夹具、刀柄的夹紧情况，注意主轴的分度功能	检查齿轮、轴承润滑情况，测量轴承温升是否正常	清洗零、部件，更换润滑油，检查主轴精度，进行校准
电气系统与数控系统	运行功能是否有障碍，监视电网电压是否正常	直观检查所有电气部件及继电器、联锁装置的可靠性	检查一个试验程序的完整运转情况	检查存储器电池、检查数控系统的大部分功能情况
电动机	观察电动机运转是否正常	观察各电动机冷却风扇是否正常	各电动机轴承噪声是否严重，必要时可更换	检查电动机控制板情况，检查电动机保护开关的功能。对于电动机要检查电刷磨损情况、及时更换
滚珠丝杠	用油擦净丝杠暴露部位的灰尘和切屑	检查丝杠防护套，清理螺母防尘盖上的污物，丝杠表面涂油脂	测量各轴滚珠丝杠的反向间隙，予以调整和补偿	清洗滚珠丝上的润滑油，涂上新油脂

3）加工中心的日常润滑保养

加工中心的维护要有科学的管理，有计划、有目的地制定相应的规章制度，应严格遵守该制度。

（1）事先要做好维护与检查计划。

（2）在执行维护与检查前应先关闭主电源。

（3）维护与检查不能间歇进行。

（4）如维护检查与生产计划相抵触，应以维护检查为主。

（5）不得采用压缩空气清理加工中心，以防止油污、切屑、灰尘等进入精密轴承或其他部位。

（6）应尽量少开电气柜门。

表 1-22 为加工中心定期维护项目表。

表 1-22　加工中心定期维护项目表

维护周期	维护内容
日常	1．清除围绕在工作台、底座、十字滑台等周围的切屑、灰尘及其他脏物 2．清除机床表面上下的润滑油、切削液与切屑 3．清除无护盖保护的导轨面上的所有物质 4．清理导轨护盖 5．清理外露的极限开关及其周围 6．小心清理电气组件 7．检查中央润滑油箱的油量液面，保持适当的油位 8．检查并确认空气过滤器的杯中积水是否已被全部排干 9．检查所需的压力值是否达到正确值 10．检查管道是否漏油 11．检查切削液、切削液管，必要时进行补充或更换 12．检查操作面板上的指示灯是否正常
每周	1．完成日常维护 2．检查主轴前端，刀架与其他附件是否出现锯齿状裂纹或其他损伤 3．清理主轴的四周围 4．检查液压系统的油液位
每月	1．完成每周维护 2．清理电气箱内部与 NC 设备 3．清理机床水平，进行必要的调节 4．清理导轨的刮油片，必要时进行更换 5．检查变频器与极限开关功能是否正常 6．清理主轴头润滑单元的油路过滤器 7．检查配线是否牢固，有无脱落 8．检查互锁装置的功能是否正常 9．更换切削液，清理切削箱与管路
半年	1．清理 NC 设备中电气控制单元 2．更换液压油及主轴与工作台的润滑剂 3．清理并检查所有电动机，如有异样进行更换 4．检查电气装置和操作面板 5．检查每一个批示器与电压器是否正常 6．冲洗润滑泵的主轴头润滑过滤器 7．检查机床的移动情况 8．检测每一个驱动轴的间隙，进行必要的调整

任务3 常见故障及排除

1. 数控机床维修工作的安全规范

数控机床维修工作必须遵守相关的安全规范，避免安全事故的发生或由于操作不当造成的设备损坏。

1）维修时的注意事项

（1）在拆开外罩的情况下开动数控机床时，应站在离机床远点的地方进行检查操作，以确保衣物不会被卷到主轴或其他部件中。

在检查机床运转时，要先进行不装工件的空运转操作。因为一开始就进行实物加工，如果数控机床误动作，可能会引起工件掉落或刀尖破损飞出，还可能造成切屑飞散，伤及人身。

（2）打开电气柜门检查维修时，应注意电气柜中有高压部分，切勿触碰高压部分。

（3）在采用自动方式加工工件时，要首先采用单程序段运行加工，进给速度倍率要调低，或采用机床锁定功能，并且应先在不装刀具和工件的情况下运行自动循环过程，以确认机床动作是否正确。如果机床动作不正常，会造成工件和机床本体的损害或伤及操作者。

（4）在数控机床运行之前，要认真检查输入的数据，防止数据输入错误。在自动运行操作中，如果程序或数据错误，可能引起机床动作失控，从而造成事故。

（5）给定的进给速度应该适于预定的操作，一般来说，每台数控机床有一个允许的最大进给速度，不同操作所适用的最佳进给速度不同，应参照机床说明书确定最合适的进给速度，否则会加速机床磨损，甚至造成事故。

（6）当采用刀具补偿功能时，要检查补偿方向和补偿量，如果输入的数据不正确，数控机床可能会动作异常，从而引起对工件、机床本体的损害或伤及操作者。

2）更换电子元器件时的注意事项

（1）更换电子元器件必须在关闭CNC电源和强电主电源的情况下进行。如果只关闭CNC电源，电源可能仍会继续向所维修部件（如伺服单元）供电，在这种情况下更换新装置可能会使其损坏，同时操作人员有触电的危险。

（2）至少要在关闭电源20min后，才可以更换放大器。关闭电源后，伺服放大器和主轴放大器的电压会保留一段时间，因此即使在放大器关闭后也有被电击的危险，至少要在20min后，残余的电压才会消失。

（3）在更换电气单元时，要确保新单元的参数及其设置与原来单元的相同。否则错误的参数会使机床运动失控，从而损坏工件或机床，造成事故。

3）设定参数时的注意事项

（1）为避免由于输入错误的参数而造成数控机床失控，在修改完参数后第一次加工工件时，要关闭机床护罩，通过利用单程序段功能、进给速度倍率功能、机床锁定功能或采用不装刀具和工件的操作方式，验证机床运动是否正常，然后才可以正式使用自动加工循环等功能。

（2）CNC和PLC的参数在出厂时被设定为最佳值，所以通常不需要修改。当由于某些原因必须修改其参数时，在修改之前要确认已完全了解其功能，如果设定了错误的参数值，机床可能会出现意外运动，从而造成事故。

2. 数控机床常见故障及其分类

1）数控机床常见故障及其分类（见表 1-23）

表 1-23　数控机床常见故障及其分类

分类方法	常见故障		说明
按故障发生的部位分	主机故障		1. 因机械部件的安装、调试、操作使用不当等原因引起的机械传动故障 2. 因导轨、主轴等运动部件的干涉、摩擦过大等引起的故障 3. 因机械零件的损坏、连接不良等原因引起的故障
	电气控制系统故障	弱电故障	弱电故障是指各集成电路芯片、分立电子元件、接插件以及外部连接组件等发生故障和出现动作错误、数据丢失等故障
		强电故障	强电故障是指系统中的主回路或高压、大功率回路中的继电器、接触器、开关、熔断器、电动机等发生的故障
按故障起因分	关联性故障	固有性故障	固有性故障是指一旦满足某种条件，如温度、振动等条件，就出现故障
		随机性故障	随机性故障是指在完全相同的外界条件下，故障有时发生或不发生的情况
	非关联性故障		非关联性故障是指与数控系统本身的结构和制造无关的故障。故障的发生是由运输、安装、撞击等外部因素人为造成的；关联性故障是指由于数控系统设计、结构或性能等缺陷造成的故障
按数控设备故障的时间分	随机故障		随机故障的发生时间是随机的
	有规则故障		有规则故障的发生是指有一定的规律性
按数控设备故障的发生的状态分	突然故障		突然故障是指数控系统在正常使用过程中，事先并无任何故障征兆而突然出现的故障。突然故障的例子有：因机器使用不当或出现超负荷而引起的零件折断；因设备各项参数达到极限而引起的零件变形和断裂等
	渐变故障		渐变故障是指数控系统在发生故障前的某一时期内，已经出现故障的征兆，但此时（或在消除系统报警后），数控机床还能够正常使用，并不影响加工出来的产品质量。渐变故障与材料的磨损、腐蚀、疲劳及蠕变等过程有密切的关系
按数控设备故障的影响程度分	完全失效故障		完全失效是指数控机床出现故障后，不能再正常加工工件，只有等到故障排除后，才能让数控机床恢复正常工作的情况
	部分失效故障		部分失效是指数控机床丧失了某种或部分系统功能，而数控机床在不使用该部分功能的情况下，仍然能够正常加工工件的情况
按数控设备故障的严重程度分	危险性故障		危险性故障是指数控系统发生故障时，机床安全保护系统在需要动作时因故障失去保护作用，造成了人身伤亡或机床故障
	安全性故障		安全性故障是指机床安全保护系统在不需要动作时发生动作，导致机床不能起动

分类方法	常见故障		说明
按故障指示形式分	有报警显示故障	指示灯显示报警	指示灯显示报警是指通过控制系统各单元上的状态指示灯（一股由LED发光管或小型指示灯组成）显示的报警。根据数控系统的状态指示灯，即使在显示器故障时，仍可大致分析判断出故障发生的部位与性质。因此，在维修、排除故障过程中应认真检查这些状态指示灯的状态
		显示器显示报警	显示器显示报警是指可以通过CNC显示器显示出报警号和报警信息的报警。由于数控系统一般都具有较强的自诊断功能，如果系统的诊断软件以及显示电路工作正常，一旦系统出现故障，可以在显示器上以报警号及文本的形式显示故障信息。在显示器显示报警中，又可分为NC的报警和PLC的报警两类。前者为数控生产厂家设置的故障显示，它可对照系统的"维修手册"，来确定可能产生该故障的原因。后者是由数控机床生产厂家设置的PLC报警信息文本，属于机床的故障显示。它可对照机床生产厂家所提供的"机床维修手册"中的有关内容，确定故障所产生的原因
	无报警显示故障		这类故障发生时，机床与系统均无报警显示，其分析诊断难度通常较大，需要通过仔细、认真的分析判断才能予以确认。特别是对于一些早期的数控系统，由于系统本身的诊断功能不强，或无PLC报警信息文本，出现无报警显示的故障情况则更多
按故障产生的原因分	数控机床自身故障		是由数控机床自身的原因引起的，与外部使用环境无关。数控机床所发生的绝大多数故障均属此类故障
	数控机床外部故障		由外部原因所造成，如供电电压过低或过高，波动过大；电源相序不正确或三相输入电压不平衡；环境温度过高；有害气体、潮气、粉尘侵入；外来振动和干扰等

2）数控机床常见故障的基本分析方法

故障分析是进行数控机床维护的第一步，通过故障分析，一方面能迅速查出故障原因排除故障；另一方面也可起到预防故障发生产与扩大的作用。一般来说，数控机床故障的分析有常规分析法，动作分析法，状态分析法，操作、编程分析法，系统自诊断法等，见表1-24。

表1-24 数控机床故障的基本分析方法

分析方法	说明
常规分析法	常规分析法是对数控机床的机、电、液等部分进行常规检查，以此来判断故障发生原因的一种方法。其内容有： 1. 检查电源的规格是否符合要求 2. 检查CNC、伺服驱动、主轴驱动、电动机、输入/输出信号的连接是否正确 3. 检查CNC、伺服驱动等装置的印制电路板是否安装牢固，接插部位是否松动 4. 检查CNC、伺服驱动、主轴驱动等部分的设定端、电位器的设定、调整是否正确 5. 检查液压、气动、润滑部件的油压、气压等是否符合机床要求 6. 检查电器元件、机械部件是否有明显的损坏

续表

分析方法	说明
动作分析法	动作分析法是通过观察、监视机床实际动作，判定动作不良部位，并由此来追溯故障根源的一种方法。一般来说，数控机床采用液压、气动控制的部位，如自动换刀装置、交换工作台装置、夹具与传输装置等均可以通过动作诊断来判定故障原因
状态分析法	状态分析法是通过监测执行元件的工作状态，判定故障原因的一种方法，应用最广。通过状态分析法，可以在无仪器、设备的情况下，根据系统的内部状态，迅速找到故障的原因
操作、编程分析法	操作、编程分析法是通过某些特殊的操作或编制专门的测试程序段，确认故障原因的一种方法。例如，通过手动单步执行自动换刀、自动交换工作台动作，执行单一功能的加工指令等方法进行动作与功能的检测。通过这种方法，可以具体判定故障发生的原因与部件，检查程序编制的正确性
系统自诊断法	数控系统的自诊断是利用系统内部自诊断程序或专用的诊断软件，对系统内部的关键硬件以及系统的控制软件进行自我诊断、测试的诊断方法。它主要包括开机自诊断、在线监控与脱机测试三方面的内容，见表1-25

表 1-25 数控系统自诊断内容

自诊断内容		含义	说明
开机自诊断		开机自诊断是指数控系统通电时，由系统内部诊断程序自动执行的诊断，它类似于计算机的开机诊断	开机自诊断可以对系统中的关键硬件，如CPU、存储器、I/O单元、CRT/MDI单元、软驱等装置进行自动检查；确定指定设备的安装、连接状态与性能；部分系统还能对某些重要的芯片进行诊断。数控系统的自诊断在开机时进行，只有当全部项目都被确认无误后，才能进入正常运行状态。诊断的时间取决于数控系统，一般只需数秒钟，但有的需要几分钟
在线监控	CNC内部程序监控	CNC内部程序监控是通过系统内部程序，对各部分状态进行自动诊断、检查和监视的一种方法	在线监控范围包括CNC本身以及与CNC相连的伺服单元、伺服电动机、主轴伺服单元、主轴电动机、外部设备等。在线监控在系统工作过程中始终生效。数控系统内部程序监控包括接口信号显示、内部状态显示和故障显示三方面： 1. 接口信号显示可以显示CNC和PLC、CNC和机床之间的全部接口信号的现行状态。指示数字输入/输出信号的通断情况，帮助分析故障 2. 内部状态显示可以显示造成循环指令（加工程序）不执行的外部原因；显示复位状态；显示TH报警状态；显示存储器内容以及磁泡存储器异常状态；显示位置跟随误差；显示伺服驱动部分的控制信息；显示编码器、光栅等位置测量元件的输入脉冲 3. 显示故障信息。在数控系统中，故障信息一般以"报警显示"的形式在CRT上进行显示。报警显示的内容根据数控系统的不同有所区别。这些信息大都以"报警号"加文本的形式出现

续表

自诊断内容		含义	说明
在线监控	通过外部设备监控	通过外部设备监控是指采用计算机、PLC 编程器等设备对数控机床的各部分状态进行自动诊断、检查和监视的一种方法	通过计算机、PLC 编程器对 PLC 程序以梯形图、功能图的形式进行动态检测，它可以在机床生产厂家未提供 PLC 程序时，进行 PLC 程序的阅读、检查，从而加快数控机床的维修进度。此外，伺服驱动、主轴驱动系统的动态性能测试、动态波形显示等内容，通常也需要借助必要的在线监控设备进行
脱机测试		脱机测试也称"离线诊断"，它是将数控系统与机床脱离后，对数控系统本身进行的测试与检查。通过脱机测试可以对系统的故障做进一步的定位，力求把故障范围缩到最小	数控系统的脱机测试需要专用诊断软件或专用测试装置，因此，它只能在数控系统的生产厂家或专门的维修部门进行。随着计算机技术的发展，现代 CNC 的离线诊断软件正在逐步与 CNC 控制软件一体化，有的系统已将"专家系统"引入故障诊断中。通过这样的软件，操作者只要在 CRT/MDI 上做一些简单的会话操作，即可诊断出 CNC 系统或机床的故障

3. 数控机床常见故障诊断与排除

维修的主要任务是：正确处理数控系统的外围故障，用换板法修复硬件故障或根据故障现象及报警内容，正确判断出故障电路板或故障部件。

1）点检

设备点检是一种科学的设备管理方法，是对设备进行定点、定期的检查，对照标准发现设备的异常现象和隐患，掌握设备故障的初期信息，以便及时采取对策的一种管理方法。

（1）点检的 6 个要求。因为点检员是设备管理的主要把关者，其工作态度、工作作风以及工作规范程度直接影响设备点检工作的质量，所以提出以下 6 个要求。

① 要逐点记录，通过积累，找出规律。

② 一定要按照标准进行处理，对达不到规定标准的要标出明显的标记。

③ 每月至少要分析一次点检记录，对重点设备要每个定修周期分析一次。每个季度要进行一次检查记录和处理记录的汇总整理，并且存档备查。每年进行一次总结，为定修、改造、修正点检工作量等提供依据。

④ 查出问题的，需要设计改进，规定设计项目，按项进行。

⑤ 任何一项改进项目，都要定人，以保证改进工作的连续性和系统性。

⑥ 每半年或一年要对点检工作进行一次全面、系统的总结和评价，提出书面总结材料和下一阶段的重点工作计划。

（2）点检种类。按周期和业务范围点检可以分为日常点检、定期点检和精密点检。它们之间最显著的区别是，日常点检是在设备运行中由操作人员完成的，而定期点检和精密点检是由专职点检员来完成的。

（3）数控铣床、加工中心日常点检要点。具体要求如下：

① 从工作台、基座等处清除污物和灰尘；擦去机床表面上的润滑油、切削液和切屑；清除没有罩盖的滑动表面上的一切东西；擦净丝杠的暴露部位。

② 清理、检查所有限位开关及其周围表面。检查各润滑油及主轴润滑油的油面，使其

保持在合理的油面上。

③ 确认各刀具在其应有的位置上更换。

④ 确保空气滤杯内的水完全排出；检查液压泵的压力是否符合要求。

⑤ 检查机床主液压系统是否漏油；检查切削液软管及液面，清理管内及切削液槽内的切屑等脏物。

⑥ 确保操作面板上所有指示灯正常显示；检查主轴端面、刀夹及其他配件是否有毛刺、破裂或损坏现象。

2）机械部件常见故障的处理

数控机床的机械故障与数控系统故障有着内在联系，熟悉机械故障的诊断与排除方法对数机床的诊断与维护很有帮助。

（1）数控机床机械故障类型。数控机床机械故障分为功能型故障、动作型故障、使用型故障、结构型故障。功能型故障主要指工件加工精度方面的故障，表现为加工精度不稳定，加工误差大；运动方向误差大，工件表面粗糙。动作型故障主要指机床各执行部件的动作故障，如主轴不转动、液压变速不灵活、机械手动作故障、工件或刀具夹不紧或松不开，以及刀库转位定位不准确等。使用型故障主要指因使用不当引起的故障，如由过载引起的机件损坏、撞车等。结构型故障主要是指主轴发热、主轴箱噪声大、切削时产生振动等。

（2）机械部分常见故障的处理。在机械故障出现以前，一般通过精心维护、保养来延长机件的寿命。当故障发生以后，视故障情况进行处理。

机械故障是在机床运转过程中出现的，即不是指数控设备运转不起来，而是在运转过程中出现不正常的现象。常见的机械故障是多种多样的，每一种机床都有相关说明书及机械修理手册来说明，这里仅介绍一些具有共性的部件故障，见表1-26。

表1-26 数控机床常见的机械故障

故障类型	表现形式
进给传动链故障	定位精度下降、反向间隙过大、机械爬行、轴承噪声过大
主轴部件故障	自动拉紧刀柄装置、自动变挡装置及主轴运动精度的保持性不稳定等
自动换刀装置（ATC）的故障	刀库运动故障，定位误差过大，机械手夹持刀柄不稳定，机械手运动误差过大等
位置检测用行程开关压合故障	运动部件运动特性变化、压合行程开关的机械装置可靠性、行程开关本身品质特性发生改变等

数控设备机械故障出现后，不要急于动手处理，首先要查看故障记录，向操作人员询问故障发生的全过程。在确认通电对系统无危险的情况下，再通电观察。机械故障的常规处理步骤如下。

① 注意故障信息。

a．机械故障发生时报警号和报警提示是什么，指示灯和发光管指示是什么报警，系统处于何种工作状态，系统的自诊断结果是什么。

b．故障发生在哪个部位，执行何种指令，故障发生前进行了何种操作，轴处于什么位置，与指令值的误差量有多大。

c．以前是否发生过类似故障，现场有无异常现象等。

② 分析故障原因。

a．要在充分调查现场、掌握第一手资料的基础上，把故障问题正确地列出来，把故障现象表述清楚。

b．尽可能列出故障的原因以及每种可能解决的方法，进行综合、判断和筛选，最后找出解决方案。

c．在对故障进行深入分析的基础上，预测故障原因并拟定检查的内容、步骤和方法。

③ 检测、排除故障。

a．先查外部后查内部。当数控设备发生机械故障后，维修人员应先采用望、闻、听、问等方法，由外至内逐一进行检查。比如，数控设备的外部行程开关、按钮、液压气动元件以及印制电路板插头座、边缘接插件等，它们与外部或它们相互之间的连接部位接触不良都会造成信号传递失灵，这是产生数控设备故障的重要原因。要尽量避免随意地启封、拆卸机床，否则会使机床丧失精度、降低性能。

b．先查机械后查电气。机械故障直观易查，而数控系统的故障检查难度要大一些。因此，应首先检查机械部分是否正常，行程开关是否灵活，气动、液压部分是否正常，滚动丝杠、滚动导轨及传动齿轮间隙是否过大等。一般来讲，数控设备的故障中有很大一部分是由机械运作失灵或调整不当引起的。所以，在故障检修之前，首先注意排除机械性故障。

c．先简单后复杂。当出现多种故障相互交织掩盖、一时无从下手时，应先解决容易的问题，然后解决难度较大的问题。常常在解决简单故障的过程中，难度大的问题也可能变得容易，或者在排除简单故障时受到启发，对复杂故障的认识更为清晰，从而也有了解决办法。

（3）刀库及换刀机械手的故障诊断。刀库及换刀机械手的结构复杂，且在工作中又频繁运动，所以故障率较高。目前，数控机床50%以上故障都与它们有关。表1-27列出了刀库与换刀机械手常见故障及排除方法。

表1-27　刀库与换刀机械手常见故障及排除方法

故障现象	原因	排除方法
刀库不能旋转	1．连接电动机轴与蜗杆轴的联轴器松动 2．刀具超重	1．紧固联轴器上的螺钉 2．刀具质量不得超过规定值
刀套不能夹紧刀具	1．刀套上的调整螺钉松动或弹簧太松造成卡紧力不足 2．刀具超重	1．顺时针旋转刀套两端的调节螺母，压紧弹簧，顶紧卡紧销 2．刀具质量不得超过规定值
刀套上不到位	1．装置调整不当或加工误差大而造成拨叉位置不正确 2．限位开关安装不正确或调整不当造成反馈信号错误	1．调整好装置，提高加工精度 2．重新调整安装限位开关
刀具不能夹紧	1．空气泵压力不足 2．增压漏气 3．刀具卡紧液压缸漏油 4．刀具松卡弹簧的螺母松动	1．使空气泵气压在额定的范围内 2．关紧增压 3．更换密封装置，卡紧液压缸使其不漏油 4．旋紧螺母

续表

故障现象	原因	排除方法
刀具夹紧后不能松开	锁刀弹簧压力过紧	调节锁刀弹簧上的螺钉，使其最大载荷不超过额定值
刀具从机械手中脱落	1. 机械手卡紧销损坏或没弹出来 2. 换刀时主轴箱没有回到换刀点或换刀点发生漂移 3. 机械手抓刀时没有到位就开始拔刀 4. 刀具超重	1. 更换卡紧销或弹簧 2. 重新操作主轴箱运动，使其架到换刀点位置并重新设定换刀点 3. 调整机械手手臂，使手臂抓紧刀柄后再拔刀 4. 刀具质量不得超过规定值
机械手换刀速度过快或过慢	气压太高或节流阀开口过大	保证气泵的压力和流量，旋转节流阀到合适的换刀速度
换刀时不到位	刀位编码用组合行程开关、接近开关等元件损坏、接触不好或灵敏度降低	更换损坏元件

（4）导轨副的常见故障诊断。导轨副的常见故障诊断与排除方法见表1-28。

表 1-28 导轨副的常见故障诊断与排除方法

故障现象	原因	排除方法
导轨研伤	1. 机床经长期使用，地基与床身水平度有变化，使导轨局部单位面积负荷过大 2. 长期加工短工件或承受过分集中的负荷，使导轨局部磨损严重 3. 导轨润滑不良 4. 导轨材质不佳 5. 刮研质量不符合要求 6. 机床维护不良，导轨里有脏物	1. 定期进行床身导轨的水平调整或修复导轨精度 2. 注意合理分布短工件的安装位置，避免负荷过分集中 3. 调整导轨润滑油量，保证润滑油压力 4. 采用电镀加热自冷淬火对导轨进行处理 5. 提高刮研修复质量 6. 加强机床保养，保护好导轨防护装置
导轨上移动部件运动不良或不能移动	1. 导轨面研伤 2. 导轨压板研伤 3. 导轨镶条与导轨间隙太小，调得太紧	1. 用180#纱布修磨机床导轨面上的研伤 2. 卸下压板，调整压板与导轨间隙 3. 调整镶条使运动部件灵活
加工平面在接刀处不平	1. 导轨直线度超差 2. 工作台镶条松动或镶条弯度太大 3. 机床水平度差使导轨发生弯曲	1. 调整或修刮导轨 2. 调整镶条间隙 3. 调整机床安装水平

（5）液压系统常见故障诊断。一般液压系统常见故障有：

① 接头连接处泄漏。

② 运动速度不稳定。

③ 阀心卡死或运动不灵活造成执行机构动作失灵。

④ 阻尼小孔被堵造成系统压力不稳定或压力调不上去。

⑤ 阀类元件漏装弹簧或密封件或管道接错而使动作混乱。

⑥ 液压系统设计和元件选择不当使系统发热，或动作不协调，位置精度达不到要求。

⑦ 液压件加工质量差，或安装质量差，造成阀类动作不灵活。

⑧ 长期工作使密封件老化，以及易损元件磨损等，造成系统中内外泄漏量增加，系统效率明显下降。

（6）数控系统硬件故障的处理方法。数控系统的故障有软件故障和硬件故障之分。所谓软件故障，是指故障并不是由硬件损坏引起的，而是由于操作、调整处理不当引起的。这类故障在设备使用初期发生的频率较高，这和操作、维护人员对设备不熟悉有关。所谓硬件故障，是指由数控系统硬件损坏引起的故障，这类故障是数控系统常见的故障。当数控系统发生硬件故障时，可按以下方法进行检查与分析。

① 常规检查。常规检查的方法和内容见表1-29。

表 1-29 数控系统硬件故障的常规检查方法和内容

检查方法	检查内容
外观检查	先进行外观检查。判断明显的故障，有针对性地检查怀疑部分的元器件，检查空气断路器、继电器是否脱扣，继电器是否有跳闸现象，熔丝是否熔断。印制电路板上有无元件破损、断裂、过热，连接导线是否断裂、划伤，接插件是否脱落等
连接电缆、连接线检查	用一些简单的维修工具检查各连接线、电缆是否正常。尤其要注意检查机械运动部位的接线及电缆，这些部位的接线易受力，会因疲劳而断裂
连接端及接插件检查	检查接线端子和单元接插件。这些部件容易松动、发热，因氧化、电化腐蚀而断线或接触不良
易损部位的元器件检查	直流伺服电动机电机电刷及整流子、测速发电机电刷及整流子都容易磨损、粘污物，前者造成转速下降，后者造成转速不稳。纸带阅读机光电读入部件的光学元件透明度降低，发光元件及光敏元件老化都会造成读带出错
恶劣环境下工作的元器件检查	检查在恶劣环境下工作的元器件。这些元器件容易因受热、受潮、受振动、粘灰尘或油污而失效或老化
定期保养的部件及元器件的检查	有些部件、元器件应按规定及时清洗、润滑，否则容易出现故障。如果冷却风扇不及时清洗风道等，则易造成过负荷。如果不及时检查轴承，则在轴承润滑不良时，易造成通电后转不动
电源电压检查	从前向后检查各种电源电压。应注意电源组功耗大、易发热，容易出故障。多数电源故障是由负载引起的，因此更应在仔细检查各环节后再进行处理。检查电源时，不仅要检查电源自身馈电线路，还应检查由它馈电的无电源部分是否获得了正常的电压；不仅要注意正常时的供电状态，而且还要注意故障发生时电源的瞬时变化

② 指示灯显示分析法。数控机床控制系统多配有面板显示器、指示灯。面板显示器可把大部分被监控的故障识别结果以报警的方式给出。对于每个具体的故障，系统有固定的报警号和文字显示给予提示。维修人员应抓住故障信号及有关信息特征，分析故障原因。

（7）数控系统的软件故障及其排除。

① 数控系统的软件配置。数控系统软件包括三个部分。第一部分由数控系统的生产厂家研制的启动芯片、基本系统程序、加工循环、测量循环等组成。第二部分由机床制造厂编制的针对具体机床所用的 NC 机床数据、PLC 机床数据、PLC 报警文本、PLC 用户程序等组成。第三部分由机床用户编制的加工主程序、加工子程序、刀具补偿参数、零点偏置参数、R 参数等组成。

以上几部分软件均可通过多种存储介质（如软盘、硬盘、磁带、纸带等）进行备份，以便出现软件故障时进行核查或恢复。通常容易引起软件故障的是第二、三部分。

② 故障发生的原因。软件故障是由软件变化或丢失而形成的。机床软件一般存储于RAM中。软件故障形成的可能原因见表1-30。

表 1-30 软件故障形成的可能原因

形成原因	原因说明
误操作引起	在调试用户程序或修改机床参数时，操作者删除或更改了软件内容或参数，从而造成软件故障
供电电池电压不足	为RAM供电的电池电压经过长时间的使用后，电池电压降低到额定值以下，或在停电情况下拔下为RAM供电的电池或电池电路断路或短路、接触不良等都会造成RAM得不到维持电压，从而使系统丢失软件及参数
干扰信号引起	有时，电源的波动及干扰脉冲会窜入数控系统总线，引起时序错误或造成数控装置等停止运行
软件死循环	运行复杂程序或进行大量计算时，有时会造成系统死循环引起系统中断，造成软件故障
操作不规范	操作者违反了机床的操作规程，从而造成机床报警或停机现象。例如数控机床开机后没有先进行回参考点的操作，就进行加工零件的操作
用户程序出错	指用户程序中出现语法错误、非法数据、运行或输入中出现故障报警等现象

③ 软件故障的排除。对于软件丢失或参数变化造成的运行异常、程序中断、停机故障可采取对数据、程序更改或清除重新再输入法来恢复系统的正常工作。

对于程序运行或数据处理中发生中断而造成的停机故障可采取硬件复位法或关掉数控机床总电源开关，然后再重新开机的方法排除故障。

NC 复位、PLC 复位能使后续操作重新开始，而不会破坏有关软件和正常处理的结果，以消除报警。也可采用清除法，但对 NC、PLC 采用清除法时，可能会使数据全部丢失，应注意保护不想清除的数据。

开关系统电源是清除软件故障常用的方法，但在出现故障报警或开关机之前一定要将报警信息的内容记录下来，以便于排除故障。

习 题 1

1．怎样识读零件图？

2．数控车床由哪几部分组成？各部分的功用有哪些？

3．数控车床的分类方法有几种？各分为哪些数控车床？

4．数控车削刀具有哪些特点和种类？

5．数控车床刀具预调的主要工作有哪些？

6．根据工件的质量和尺寸的不同，数控铣床有哪几种不同的布局方案？

7．数控铣床/加工中心用刀具有哪几种？

8．一个完整的程序由哪几个部分组成？

9．数控加工工艺特点有哪些？

10．如何填写数控加工工艺文件？

11．分析并填写如图 1-92 所示的轴套类零件的数控车削加工工艺的基本过程。

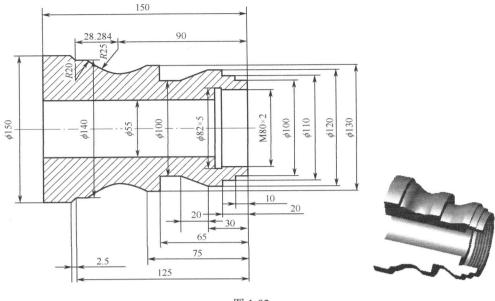

图 1-92

12．数控机床坐标系是怎样规定的？

13．工件坐标系与机床坐标系有什么关系？

14．编程中为什么要先确定起刀点和换刀点？确定换刀点的原则是什么？

15．如何做到安全文明生产？

16．设备使用期安全管理的一般要求有哪些？

17．如何做好数控机床的日常保养？

18．数控机床常见故障有哪些类型？其基本分析方法有哪些？

19．数控机床常见故障诊断与排除的内容与方法有哪些？

第2章　数控车床的加工工艺与编程实例

项目1　简单轴类零件的加工

学习目标

◇ 在数控车床上完成如图 2-1 所示的零件的编程与加工。
◇ 看懂图样，能根据零件图样要求，合理选择进给路线及切削用量，并制定出合理的加工工艺。
◇ 学会 G00 和 G01 指令的使用，编制出正确的加工程序。
◇ 能合理地安排好粗、精加工。
◇ 掌握数控车床的基本操作。

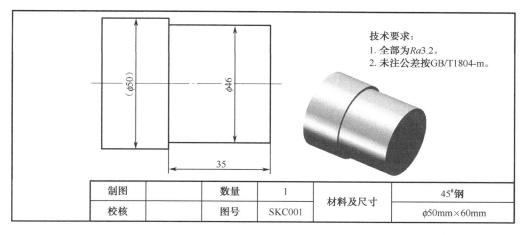

制图		数量	1	材料及尺寸	45#钢
校核		图号	SKC001		ϕ50mm×60mm

图 2-1　零件图样

任务1　工艺分析

本任务编程加工较为简单，主要培养学生正确装夹工件和刀具，感受运用程序指令进行切削，其加工精度不是本任务的重点。学生在上机操作加工时，一定要注意先进行程序的校验，以确保程序的合理与正确。

1. 零件图识读

该零件只有两个尺寸，即所需加工的 ϕ46mm 及其长度 35mm。其表面粗糙度值为

$Ra3.2\mu m$，加工精度要求不高。

2. 工件装夹与坐标原点选择

零件采用三爪自定心卡盘直接装夹 $\phi50mm$ 的毛坯表面，保证伸出长度不小于 40mm。零件坐标原点选为零件右端面与轴线的交点，如图 2-2 所示。

3. 刀具与加工参数选用

因考虑到该零件是第一次训练，且加工余量不大（4mm），可一次加工完成。加工选用刀具为 93° 机夹外圆车刀，并将其装在 1 号刀位，如图 2-3 所示。加工时采用固定点换刀方式，换刀点坐标为（100，100）。其工艺过程和加工参数见表 2-1。

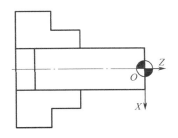

图 2-2　工件装夹与坐标原点的选择

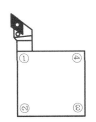

图 2-3　车刀的选用与安装

表 2-1　工艺过程和加工参数

工步内容	刀具号	主轴转速	进给量	背吃刀量	备注
		$n/$（r/min）	$f/$（mm/r）	$a_p/$（mm）	
车右端面	T0101	700	0.1	0.5	手动或 MDI 方式
车外圆	T0101	700	0.15	2	自动

任务 2　程序编制

1. 编程指令

1）快速定位指令 G00

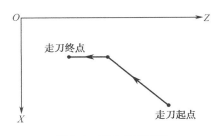

图 2-4　G00 走刀路线

使刀具以点定位控制方式从刀具所在点快速运动到下一个目标位置。它只是快速定位，而无运动轨迹要求，且应为无切削加工过程。指令在运行时先按快速进给将两轴（X、Z）同量同步做斜线运行，先完成较短的轴，再走完较长的另一轴（即刀具的实际运动路线不是绝对的直线，而是折线，使用时要注意刀具是否与工件发生干涉），如图 2-4 所示。

指令书写格式为：

G00 X- Z-

X、Z 是刀具快速定位终点坐标，X 采用直径编程。在 G00 指令中，刀具在运动过程时，若未沿某个坐标轴运动，则该坐标值可以省略不写；G00 指令后面不能填写 F 进给功能字。

G00 移动的速度不能用程序指令设定，而是由生产厂家预先设置好的，快速移动速度可通过操作控制面板上的进给修调旋钮修正。在 G00 的执行过程中，刀具由程序起点加速到最大速度，然后快速移动，最后减速到达终点，实现快速点定位。

G00 指令是模态指令，可由 G01、G02、G03 或 G33 功能注销。它用于切削开始时的快速进刀或切削结束时的快速退刀。

2）直线插补指令 G01

G01 指令是直线运动命令，规定刀具在两坐标以插补联动方式按指定的 F 进给速度做任意的直线运动，如图 2-5 所示。

指令书写格式为：

G01 X（U）- Z（W）-F-

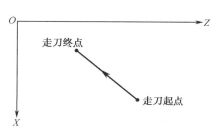

图 2-5　G01 走刀路线

X、Z 是被插补直线的终点坐标，采用直径量来编程。U、W 为增量编程时相对于起点的位移量。F 指定刀具的进给速度。如果在 G01 程序段之前的程序段中没有 F 指令，且现在的 G01 程序中没有 F 指令，则机床不运行。因此，G01 指令中必须含有 F 指令。两个相连的 G01 指令，后一个 G01 指令的 F 进给功能字可以省略，其进给速度与前一个相同，没有相对运动的坐标值可以省略不写。

G01 指令为模态代码，可由 G00、G02、G03 或 G32 注销。用于加工圆柱形外圆、内孔、锥面等。

注意：进行直线插补指令（执行 G01）时，如果是执行水平或垂直路程（圆柱或端面），则其后的地址字（X、Z）不能连写；如果是斜线（或锥度），则一定要连写。

| G01 X50 | 或 | G01 X50. |
| Z-30 F0.2 | | Z-30. F0.2 |

对 $\phi50$ 的外圆倒 $2\times45°$ 的角，则其格式为：

G01 X50 Z-2 F0.08　　或　　G01 X50.Z-2.F0.08

3）G00、G01 应用

（1）端面的车削。对单件加工，端面一般可在对刀时手动车出，批量加工时，粗车时可选择 90° 外圆车刀，按如图 2-6（a）所示的方式进行加工，精车时可按如图 2-6（b）所示的方式进行加工。

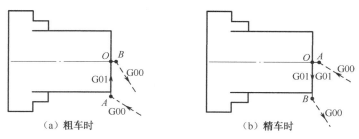

（a）粗车时　　　　　　　　　　　（b）精车时

图 2-6　端面车削时走刀路线中 G00、G01 指令的应用

（2）外圆车削。如果外圆加工余量较小，可一次加工完成，采用如图 2-7（a）所示的方式；如果加工余量较大，则采用如图 2-7（b）所示的加工方式进行车削。

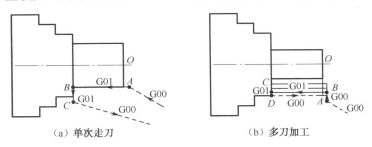

（a）单次走刀　　　　　　　　　　　（b）多刀加工

图 2-7　外圆车削时走刀路线中 G00、G01 指令的应用

（3）台阶车削。台阶粗车时可按外圆加工路线逐个进行车削，车削时可按就近原则自右向左进行，如图 2-8（a）所示。精加工时应从起点开始沿工件轮廓连续走刀至终点，如图 2-8（b）所示。

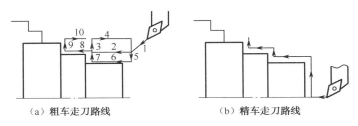

（a）粗车走刀路线　　　　　　　　　　（b）精车走刀路线

图 2-8　台阶车削走刀路线

（4）G01 指令倒角、倒圆。在工件轮廓的转角处，通常要进行倒角或倒圆处理。对这些倒角或倒圆轮廓的加工，很多车床数控系统都可直接采用倒角或倒圆指令进行编程，以达到简化编程的目的。

① 倒角。指令格式为：

G01X（U）-C-F-；

G01Z（W）-C-F-；

X（U）-为倒角前轮廓尖角处（如图 2-9 中的 A 点和 C 点）在 X 向的绝对坐标或增量坐标；Z（W）-为倒角前轮廓尖角处（如图 2-9 中的 A 点和 C 点）在 Z 向的绝对坐标或增量坐标；C-为倒角的直角边边长。

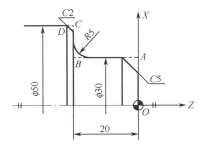

图 2-9　倒角与倒圆示例

② 倒圆 。指令格式为：

G01X（U）-R-F-；

G01Z（W）-R-F-；

X（U）-为倒角前轮廓尖角处（如图 2-9 中的 B 点）在 X 向的绝对坐标或增量坐标；Z（W）-为倒角前轮廓尖角处（如图 2-9 中的 B 点）在 Z 向的绝对坐标或增量坐标；R-为倒圆半径。

在倒角与倒圆指令中，R 值和 C 值是有正负之分的。当倒角与倒圆的方向，指向另一坐标的正方向时，R 与 C 值为正值，反之为负值。

2. 加工程序

外圆端面车削加工程序见表2-2。

表 2-2 外圆端面车削加工程序

程序	说明
O2001；	主程序名
G99 T0101 M03 S700；	用 G 指令建立工件坐标系，主轴以 700r/min 正转
G00 X52.Z0.；	快速定位起刀点（准备车端面）
G01 X0.F0.1；	车端面
Z2.；	退刀（离开端面）
G00 X46.；	至外圆起刀点位置
G01 Z-35. F0.15；	车 ϕ46mm 外圆
X52.；	退刀
G00 X100.Z100.；	至换刀点位置
M05；	主轴停
M30；	主程序结束并返回

3. 加工质量分析

1）端面加工质量分析

端面加工是零件加工中必不可少的工序，而且直接影响到工件的整体尺寸精度，因此有必要对加工中出现的加工和质量问题、预防和消除方法做简要介绍。其加工质量分析见表2-3。

表 2-3 端面加工质量分析

问题现象	产生原因	预防方法
端面加工时长度尺寸超差	1. 刀具数据不准确 2. 尺寸计算错误 3. 程序错误	1. 调整和重新设定刀具数据 2. 正确进行尺寸计算 3. 检查修改加工程序
端面粗糙度太差	1. 切削速度过低 2. 刀具中心过高 3. 切屑控制较差 4. 刀尖产生积屑瘤 5. 切削液选用不合理	1. 调高主轴转速 2. 调整刀具中心高度 3. 选用合理的进刀方式及背吃刀量 4. 选用合理的切削速度 5. 选择正确的切削液并充分喷注
端面中心处的凸台	1. 程序错误 2. 刀具中心过高 3. 刀具损坏	1. 检查修改加工程序 2. 调整刀具中心高度 3. 更换刀片

续表

问题现象	产生原因	预防方法
加工过程中出现扎刀,引起工件报废	1. 进给量过大 2. 刀具角度选择不合理	1. 降低进给速度 2. 正确选择刀具
工件端面凹凸不平	1. 机床主轴间隙过大 2. 程序错误 3. 切削用量选择不当	1. 调整车床主轴间隙 2. 检查修改加工程序 3. 合理选择切削用量

2)外圆加工质量分析

数控车床在外圆加工过程中会遇到各种加工质量上的问题,表 2-4 中对常出现的问题、产生的原因与预防方法进行了分析。

表 2-4 外圆加工质量分析

问题现象	产生原因	预防方法
外圆尺寸超差	1. 刀具数据不准确 2. 切削用量选用不当产生让刀 3. 程序错误 4. 工件尺寸计算错误	1. 调整和重新设定刀具数据 2. 合理选择切削用量 3. 检查修改加工程序 4. 正确计算
外圆表面粗糙度太差	1. 切削速度过低 2. 刀具中心过高 3. 切屑控制较差 4. 刀尖产生积屑瘤 5. 切削液选用不合理	1. 调高主轴转速 2. 调整刀具中心高度 3. 选用合理的进刀方式及背吃刀量 4. 选用合理的切削速度 5. 选择正确的切削液并充分喷注
加工过程中出现扎刀,引起工件报废	1. 进给量过大 2. 切屑阻塞 3. 工件安装不合理 4. 刀具角度选用不合理	1. 降低进给速度 2. 采用断、退屑方式切入 3. 检查工件安装,增加安装刚性 4. 正确选用刀具
工件圆柱度超差或产生锥度	1. 车床主轴间隙过大 2. 程序错误 3. 工件安装不合理	1. 调整车床主轴间隙 2. 检查修改加工程序 3. 检查工件安装,增加安装刚性

任务 3 机床操作训练

由于各数控生产厂家不同,所以其系统、操作面板也不相同,本书以 FANUC 0i 数控车床为例进行讲解。

1. 认识数控车床的操作面板

1)数控车床的操作面板

FANUC 0i 数控车床的操作面板如图 2-10 所示,它由 CRT 显示器、MDI 键盘和软键组成。

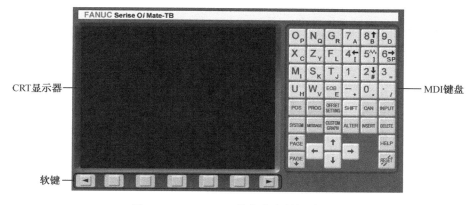

CRT显示器

MDI键盘

软键

图 2-10 FANUC 0i 数控车床的操作面板

（1）MDI 键盘说明。MDI 键盘如图 2-11 所示。

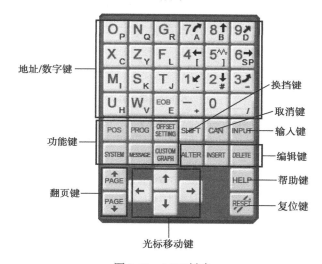

地址/数字键

换挡键

取消键

功能键

输入键

编辑键

翻页键

帮助键

复位键

光标移动键

图 2-11 MDI 键盘

（2）MDI 键盘各功能说明见表 2-5。

表 2-5 MDI 键盘各功能说明

名称	图标	功能说明
复位键	RESET	按下这个键可以使数控系统复位或者取消报警
帮助键	HELP	当对 MDI 键盘的操作不明白时，按下这个键可以获得帮助
地址和数字键	O_P	按下这个键可以输入字母、数字或其他字符
切换键	SHIFT	功能键的某些键具有两个功能。按下"SHIFT"键可以在这两个功能之间进行切换

数控加工工艺与编程实例

续表

名称	图标	功能说明
输入键	INPUT	当按下一个字母键或数字键时,再按该功能键,数据被输入到缓冲区,并显示在屏幕上。若要将输入缓冲区的数据复制到偏置寄存器中等,则按下该键。这个键与软键中的"INPUT"键是等效的
取消键	CAN	取消键,用于删除最后一个进入输入缓存区的字符或符号
程序功能键	ALTER	替换键,用于程序字的代替
	INSERT	插入键,用于程序字的插入
	DELETE	删除键,用于删除程序字、程序段及整个程序
功能键	POS	按下这些键,切换不同功能的显示屏幕。POS,显示刀具的坐标位置;PROG,在编辑方式下编辑、显示存储器里的程序,在 MDI 方式下输入及显示 MDI 数据,在自动方式下显示程序指令值;OFFSET SETTING,设定和显示刀具补偿值、工件坐标系、宏程序变量;SYSTEM,用于参数的设定、显示及自诊断功能数据的显示;MESSAGE,用于显示 NC 报警信号信息、报警记录等;CUSTOM GRAPH,用于模拟刀具轨迹的图形显示
	PROG	
	OFFSET SETTING	
	SYSTEM	
	MESSAGE	
	CUSTOM GRAPH	
光标移动键	→	将光标向右或向后(一行)移动
	←	将光标向左或向前(一行)移动
	↓	将光标向下或向后(屏幕)移动
	↑	将光标向上或向前(屏幕)移动
翻页键	PAGE↓	该键用于将屏幕显示页面向前翻页
	PAGE↑	该键用于将屏幕显示页面向后翻页

(3)软键。在 CRT 显示器的下方有一排软键 ◄ □ □ □ □ □ ►,根据不同的

画面，软键有不同的功能。左右两侧为菜单翻页键。

2）数控车床的控制面板的按键功能说明

FANUC 0i 数控车床的控制面板如图 2-12 所示，它由操作面板和手摇面板组成。

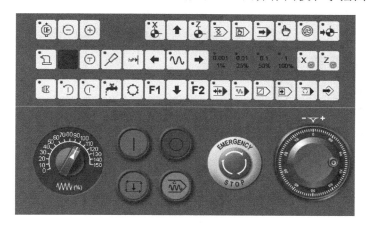

图 2-12　FANUC 0i 数控车床的控制面板

（1）操作面板的按键功能说明。操作面板的按键功能说明见表 2-6。

表 2-6　操作面板的按键功能说明

名称	图形	功能说明
操作功能 选项键		编辑方式，显示当前加工状态（EDIT）
		存储程序自动方式（MEM）
		手动输入方式（MDI 运行）
		手动进给方式（JOG）
		手摇（手轮）脉冲控制方式
		按下该键可以进行返回车床参考点操作（即车床回零）
主轴 控制键		手动主轴正转
		手动主轴停
		手动主轴反转

续表

名称	图形	功能说明
主轴倍率键		在自动和 MDI 方式运行下，当 S 指令的主轴速度偏高或偏低时，可用来修调程序中编制的主轴转速 ⊖：手动主轴降速； ⊕：手动主轴升速
循环启动与停止键		用来启动和暂停程序，在自动加工运行和 MDI 方式运行时会用到
自动运行状态控制键		机床锁定，指伺服
		空运行工作状态
		跳过选择的程序，选定此功能会将程序行前以"/"标记的程序跳过
		按下该键进入单段运行方式
		选择停，控制 M01 指令有效、无效
进给轴与方向选择键		用来选择车床的移动轴和方向。其中的 ◠◡ 为快进键。当按下该键后，该键左上角小红灯亮，表明快进功能开启；再按一次该键，该键左上角小红灯灭，则表示快进功能关闭
JOG 进给倍率刻度盘		用来调节 JOG（手动）进给倍率。倍率值从 0～150%。每格为 10%
系统启动/停止键		用来开启和关闭数控系统。在通电开机和断电关机时用
电源/回零指示		用来表示系统回零件的情况。当进行车床回零操作时，某轴返回零点后，该键左上角小红灯亮
急停键		用于锁住车床。按下急停键时，车床立即停止运动

（2）手摇面板的功能说明。手摇面板的功能说明见表 2-7。

表 2-7 FANUC 0i 系统手摇面板的功能说明

名称	图形	功能说明
进给倍率键	0.001 0.01 0.1 1 1% 25% 50% 100%	用于手摇脉冲进给单位和手动进给速度选择。按下所选的倍率键后，该键左上角小红灯亮
手摇		在手摇模式下用来使车床移动；手摇逆时针方向旋转时，车床向负方向移动（即向车头方向）；手摇顺时针方向旋转时，车床向正方向移动（即向尾座方向）
进给轴选择开关	X Z	在手摇模式下用来选择车床所要移动的轴

2. 数控车床的手动操作与对刀

数控车床的手动操作主要包括机床通电开机、手动返回参考点和手动移动刀具。在电源接通后，首先要做的就是将刀具移动到参考点，然后再使用各功能按键或开关，使刀具沿各轴运动，手动移动刀具包括 JOG 进给、增量进给、手摇进给。

1）通电开机

接通数控车床电源的操作步骤为：

（1）按下数控车床的控制面板上的 键，启动键变亮为 ，数控车床接通电源，CRT 显示屏由原先的黑屏变为有文字的显示界面，如图 2-13 所示。

（a）上电前

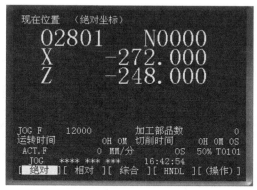
（b）上电后

图 2-13 上电后 CRT 显示屏的变化

（2）顺时针轻轻旋转 ，使其抬起。

（3）这时，车床数控系统完全上电复位，可以进行相应的操作。

2）车床回参考点

车床数控系统上电后，首先必须回参考点操作，其操作步骤如下。

（1）选择并按下 键，，此时该键左上角小红灯亮。

（2）在坐标轴选择键中按下 ↑ 键，X 轴返回参考点，此时， 左上角小红灯亮。

（3）在坐标轴选择键中按下 → 键，Z 轴返回参考点，此时， 左上角小红灯亮。CRT 屏显示如图 2-14 所示的界面。

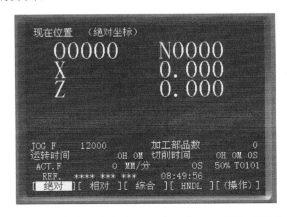

图 2-14　车床回参考点（回零）后 CRT 屏显示界面

3）JOG 进给

JOG 进给就是手动连续进给。在 JOG 方式下，按车床操作面板上的进给轴方向选择键，车床会沿着所选定轴的选定方向移动。手动连续进给速度可用 JOG 进给倍率刻度盘调节，其操作步骤如下。

（1）在操作功能选项键 中按下 键，此时数控车床处于 JOG 运动方式。

（2）在坐标轴选择键 中按下 ↓ 、 ↑ 、 → 、 ← 键，车床会沿着所选定轴的选定方向移动。

↓——X 轴正方向；　↑——X 轴负方向；　→——Z 轴正方向；　←——Z 轴负方向。

（3）可在车床运行前或运行中使用 ，根据实际需要调节进给速度。

（4）如果在按下进给轴和方向选择键前，按下 键，此时该键左上角小红灯亮，车床按快速移动速度运行。

4）手摇进给

在手摇方式下，可采用手摇使车床发生移动，其操作步骤如下。

（1）在操作功能选项键 中按下 键，系统进入手摇方式。

（2）按进给轴选择 ，选择车床要移动的轴。

（3）在手摇进给速度变化键 中选择移动倍率。

（4）根据需要移动的方向，旋转手摇 ，同时车床移动。

5）对刀

对刀的操作步骤如下。

（1）在操作功能选项键中按下键，系统进入手动运行方式。

（2）试切外圆。按控制面板上的键，使刀具沿 X 轴向移动；按键使刀具沿 Z 轴移动。按面板上的键，使车床主轴正转，再按键，用所选刀具试切工件外圆，然后按键，X 轴向保持不动，刀具退出外圆表面，如图 2-15 所示。

（3）用量具测量工件（假定测量出直径（即 X 值）为 ϕ48.230mm）。

（4）按偏置/设置 OFFSET SETTING 键，显示工具补正/形状界面。按软键[形状]，显示如图 2-16 所示的刀具偏置参数界面。

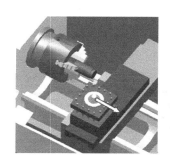

图 2-15　X 轴向对刀模拟图

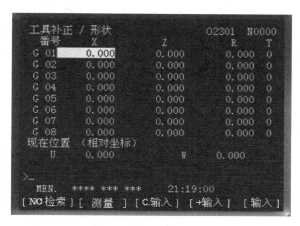

图 2-16　刀具偏置参数界面

（5）在界面的 G 01 行中输入“X48.230”，如图 2-17 所示，按软键[测量]就完成了 X 轴方向的对刀。

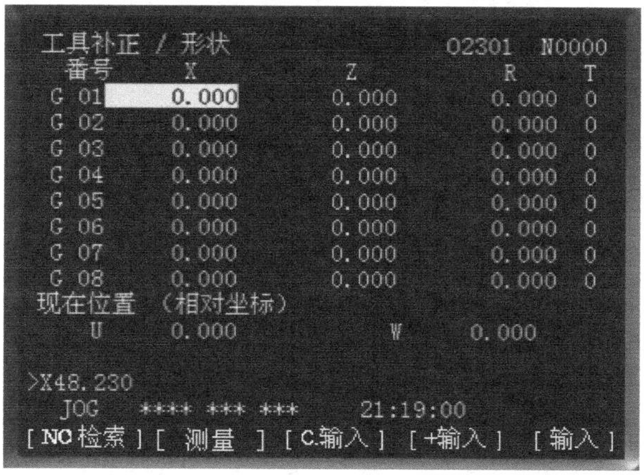

图 2-17　试切直径的输入

（6）试切工件端面。按控制面板上的键，使刀具沿 X 轴向移动；按键使刀具沿 Z 轴移动。按面板上的键，使车床主轴正转，再按键，用所选刀具试切工件端面，然后按键，Z 轴向保持不动，刀具退出外圆表面，如图 2-18 所示。

（7）测量。

（8）按 → 键，将光标移至 Z 轴位置上，如图 2-19 所示。

图 2-18　Z 轴向对刀模拟图

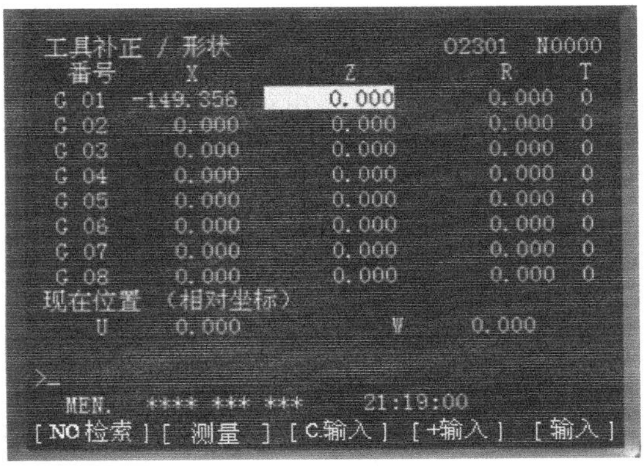

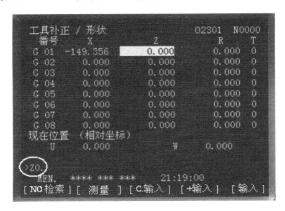

图 2-19　选择输入轴

（9）在输入行中输入 "Z0."，如图 2-20 所示。

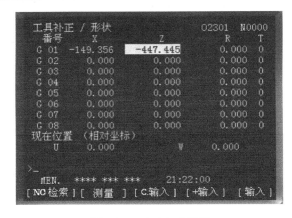

图 2-20　输入 Z 向刀具偏移参数

（10）按软键 测量 ，出现如图 2-21 所示的界面，完成了 Z 轴方向的对刀。

图 2-21　对刀完成界面

（11）在操作功能选项键 中按下 键，此时数控系统处于 MDI 运动方式。

（12）按 键，在界面中输入"T0202"，按 键，按 键，则显示如图 2-22 所示的界面。按 中的 （循环启动）键，刀具换为第 2 号刀。

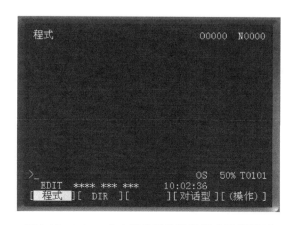

图 2-22　MDI 换刀指令的输入

（13）按照上述方法则可进行第 2 号刀的对刀。

注意：① 在操作功能选项键 中按下 键，然后直接按下 键，也可按需求转换刀具。

② 换刀时要注意刀具安全位置的设定，以免出现撞刀等事故。

3. 数控程序的编辑与输入

1）数控程序的编辑

数控程序可直接用数控系统的 MDI 键盘输入。其操作方法如下。

（1）在操作功能选项键 中按下 键，进入编辑状态。

（2）再按数控系统面板上的 键，再按 CRT 显示器下方的软键［DIR］，转入编辑页面，如图 2-23 所示。

图 2-23　FANUC 0i 数控系统数控程序编辑页面

（3）利用 MDI 键盘输入一个选定的数控程序，如输入 O2301，再按 ![INSERT] 键，数控程序名被输入，如图 2-24 所示。

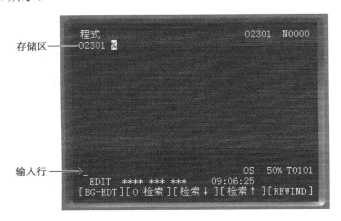

图 2-24　在数控系统中输入选定的程序名

（4）再按 ![EOB/E] 键，输入"；"，再按 ![INSERT] 键，CTR 显示屏上就出现如图 2-25 所示的界面。

图 2-25　输入"；"后的 CTR 界面

（5）利用 MDI 键盘，在输入一段程序后，按下 ![EOB/E] 键，再按下 ![INSERT] 键，则此段程序被输入，如图 2-26 所示。

图 2-26　程序段的输入

（6）然后再进行下一段程序的输入，用同样的方法，可将零件加工程序完整地输入到数控系统中，如图 2-27 所示是一个车端面的程序。

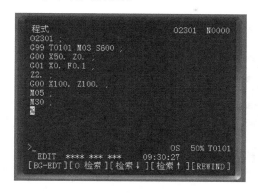

图 2-27　数控程序的输入

（7）按方位键 ↑ 或 ，将程序复位（返回），如图 2-28 所示。

图 2-28　程序复位

2）字符的插入、删除、查找和替换

（1）字符的插入。移动光标至程序所需位置，按 MDI 键盘上的数字/字母键，将代码输入到输入域中，按 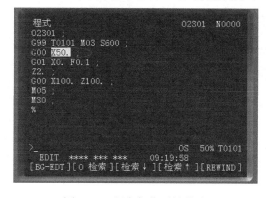 键，把输入域的内容插入到光标所在代码后面。如图 2-29 所示，在程序段"G00X50."中，没有定位出 Z 轴方向的地址，这时则要插入一个 Z 向地址字符"Z0."。

图 2-29　程序复位后的检查

其操作方法如下。

① 先移动光标键至所需插入的地址代码前，如图 2-30 所示。

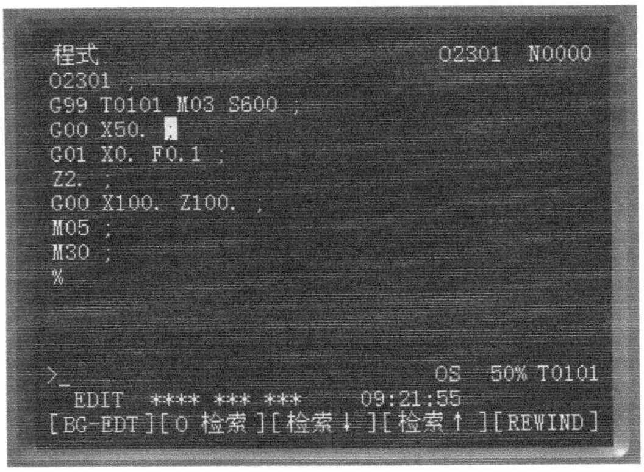

图 2-30 移动光标键

② 再输入"Z0."，如图 2-31 所示。

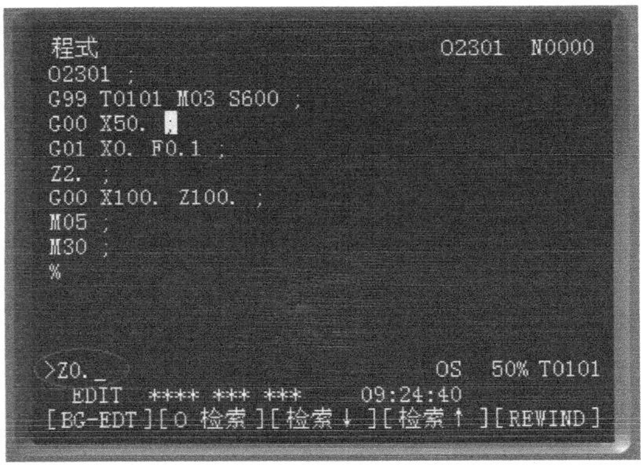

图 2-31 输入地址值

③ 按 INSERT 键，则字符被插入，如图 2-32 所示。

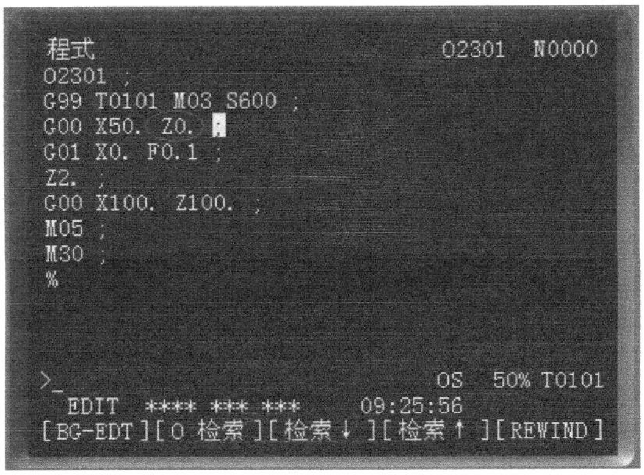

图 2-32 字符的插入

（2）删除输入域内的数据。按 CAN 键用于删除输入域中的数据。如果只需删除一个字符，则要先将光标移至所要删除的字符位置上；按 DELETE 键，删除光标所在的地址代码。

（3）查找。输入所需要搜索的字母或代码，按 ↓ 键开始在当前数控程序中光标所在位置搜索。如果此数控程序中有所搜索的代码，光标则会停在所搜索到的代码处，如没有（或没搜索到），光标则会停在原处。

（4）替换。操作方法如下。

① 先将光标移至所需替换的字符的位置上，如图 2-33 所示。

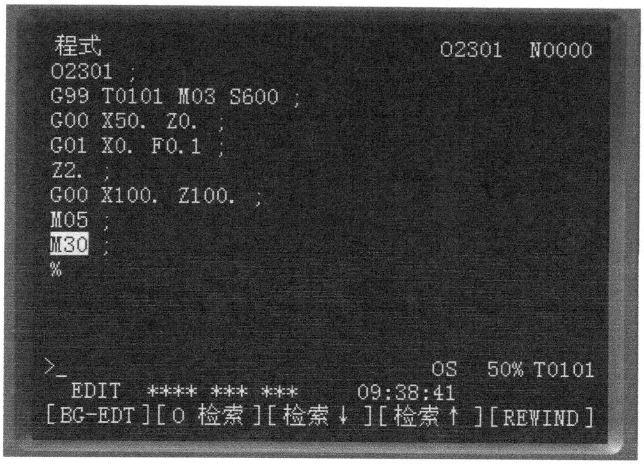

图 2-33　移动光标

② 再通过 MDI 键盘输入所需的字符，如图 2-34 所示。

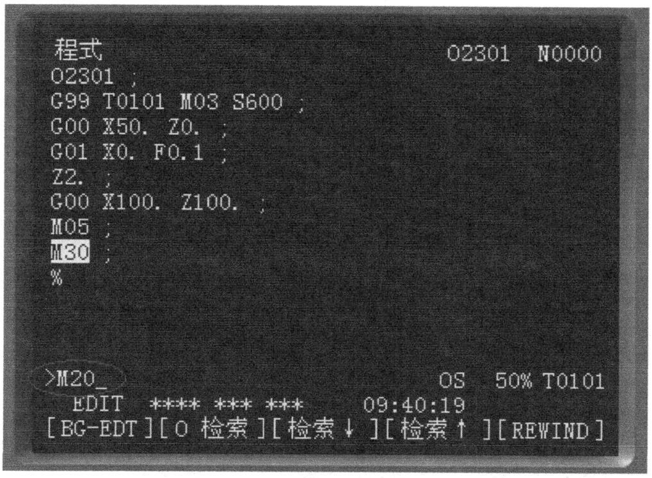

图 2-34　输入所需字符

③ 按 ALTER 键，完成替换操作，如图 2-35 所示。

```
程式                                    O2301    N0000
O2301 ;
G99 T0101 M03 S600 ;
G00 X50. Z0. ;
G01 X0. F0.1 ;
Z2. ;
G00 X100. Z100. ;
M05 ;
M20 ▌
%


>_                                      OS   50% T0101
 EDIT  **** *** ***        09:41:47
[BG-EDT][O 检索 ][检索↓][检索↑][REWIND ]
```

图 2-35 字符的替换

4. 自动加工

自动加工是指数控车床根据编制好的数控加工程序来进行数控程序运行的方式。其操作步骤如下。

（1）向右轻旋 ，使其抬起。

（2）将车床回零。

（3）导入一个编写好的数控加工程序或自行编写一个数控加工程序。

（4）按 （循环启动）键，程序开始执行。

在 （自动方式）下，选择 功能界面，并打开当前程序，可在对应的操作软键上显示【 检视 】功能，按【 检视 】后，出现如图 2-36 所示的程序检视界面，可在自动运行状态下查看当前和即将运行的程序。

```
程式检视                                 O2301    N0000
O2301 ;
G99 T0101 M03 S600 ;
G00 X50. Z0. ;
G01 X0. F0.1 ;
  （绝对坐标）   （余移动量）      G00 G21 G80
 X  -176.000   X      0.000      G97 G40 G67
 Z  -144.000   Z      0.000      G69 G25 G54
                                 G99 G22 G64
                                 JOG F    12000
                                 H
    T0201                        D
    F           0  S          60
>_                                      OS   50% T0201
 MEM.  **** *** ***        20:54:11
[ 绝对 ][ 相对 ][     ][     ][（操作）]
```

图 2-36 程序检视界面

项目 2 圆弧工件的加工

学习目标

◇ 在数控车床上完成如图 2-37 所示的零件的编程与加工。

◇ 看懂图样，能根据零件图样要求，合理选择进给路线及切削用量，并制定出合理的加工工艺。

◇ 掌握圆弧加工指令 G02/G03 的指令格式与编程方法。

◇ 掌握圆弧加工工艺。

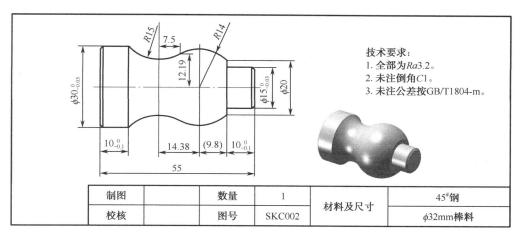

制图		数量	1	材料及尺寸	45#钢
校核		图号	SKC002		φ32mm棒料

图 2-37 零件图样

任务 1 工艺分析

1. 零件图识读

本任务圆弧类零件，除了有外圆、台阶与端面组成外，还有 2 段由圆弧构成的回转体。其形状稍显复杂。各外圆尺寸精度要求较高，表面粗糙度为 $Ra3.2\mu m$。

加工时，除了为完成该任务须掌握圆弧插补指令 G02/G03 以及圆弧加工工艺外，还应注意加工圆弧表面时车刀的选择。

2. 工件装夹与坐标原点选择

零件采用三爪自定心卡盘直接装夹 φ32mm 的毛坯表面，保证伸出长度不小于 70mm。零件坐标原点选为零件右端面与轴线的交点，如图 2-38 所示。

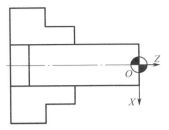

图 2-38　工件装夹与坐标原点的选择

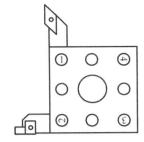

图 2-39　加工所需主要刀具

3. 刀具与加工参数选用

根据加工内容，选择 35° 机夹外圆尖刀并装夹在 1 号刀位上。同时选择刀头宽为 5mm 的切断刀安装在 2 号刀位上，如图 2-39 所示。加工时采用固定点换刀方式，换刀点坐标为（100，100）。本任务外形结构相对复杂，精车时需根据情况采用不同进刀方式，精车时按工件轮廓进行。其工艺过程和加工参数见表 2-8。

表 2-8　工艺过程和加工参数

工步内容	刀具号	主轴转速 n /（r/min）	进给量 f /（mm/r）	背吃刀量 a_p /（mm）	备注
车右端面	T0101	700	0.1	0.5	手动或 MDI 方式
车外形轮廓	T0101	700	0.15	2	自动
切断	T0202	400	0.01	5	自动

任务 2　程序编制

1. 编程指令

圆弧插补指令 G02/G03 是使刀具相对于工件以指令的速度从当前点（起始点）向终点进行圆弧插补。G02 为顺时针圆弧插补，G03 为逆时针圆弧插补。在判断圆弧的顺逆方向时，一定要注意刀架的位置，如图 2-40 所示。

G02/G03 指令编程格式为：

　　　　G02/G03 X（U）-Z（W）-R-F- ；

　　　　或 G02/G03 X（U）-Z（W）-I-K-F- ；

X、Z 为圆弧的终点坐标，其值可以是绝对坐标，也可以是增量坐标，在增量方式下，其值为圆弧终点坐标相对于圆弧起点的增量值。R 为圆弧半径，I、K 为圆弧的圆心相对其起点并分别在 X 和 Z 坐标轴上的增量值。

对于圆弧半径 R，也有正负值之分，当圆弧圆心角小于或等于 180° 时（如图 2-41 中的圆弧 1），程序中的 R 用正值表示；当圆弧圆心角大于 180°、小于 360° 时（如图 2-41 中的圆弧 2），R 就用负值表示，通常情况下，数控车床上所加工的圆弧圆心小于 180°。另外在判断 I、K 值时，一定要注意该值为矢量值。如图 2-42 所示的圆弧在编程时的 I、K 值均为负值。

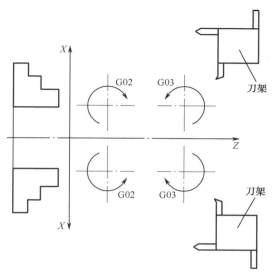

图 2-40 G02/G03 的判别

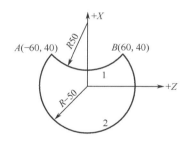

图 2-41 圆弧半径正负值的判断

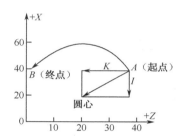

图 2-42 圆弧编程中的 I、K 值

2. 加工圆弧表面时车刀的选用

加工圆弧表面的车刀有成形车刀、尖形车刀和棱形车刀 3 种。各种加刀加工表面及特点见表 2-9。

表 2-9 圆弧表面车刀加工表面情况及特点

名称	图例	特点说明
成形车刀		加工尺寸较小的圆弧形凹槽、半圆槽及尺寸较小的凸圆弧表面

名称	图例	特点说明
尖形车刀		可加工凹圆弧及凸圆弧表面，易产生主刀刃及与副刀刃干涉现象，相对而言，刀具副偏角较大，不易产生副刀刃干涉，用于不带台阶的成形表面加工
棱形车刀		可加工凹圆弧及凸圆弧表面，因刀具主偏角为90°，用于加工带有台阶的圆弧面，且加工中只会产生副刀刃干涉，需要刀具具有足够大副偏角

3. 圆弧面车削路径

精车圆弧面沿着轮廓进行；粗车圆弧面，由于各部分余量不等，需采用相应的车削路径，凸圆弧常采用车锥法和车球法进行粗车，凹圆弧常采用车等径圆弧、车同心圆弧、车梯形形式、车三角形形式等方法粗车，其特点与应用场合见表 2-10。

表 2-10　粗车圆弧时的进刀方式与应用场合

圆弧类型	进刀方式	图例	说明
凸圆弧	车锥法		编程坐标计算简单，适用于圆心角小于90°圆弧面。粗车时不能超过 AB 临界圆锥面，否则会损坏圆弧表面
	车球法		用一组同心圆或等径圆车凸圆弧余量，计算简单，但车刀空行程长，适用于圆心角大于90°圆弧面

续表

圆弧类型	进刀方式	图例	说明
凹圆弧	车等径圆弧		编程坐标计算简单，但切削路径长
	车同心圆弧		编程坐标计算简单，切削路径短，余量均匀
	车梯形形式		切削力分布合理，但编程坐标计算较复杂
	车三角形形式		切削路径较长，编程坐标计算较复杂

4．加工程序

圆弧工件加工参考程序见表 2-11。

表 2-11　圆弧工件加工参考程序

程序	说明
O2002;	程序名
G99T0101M03S700;	用 G 指令建立坐标系，主轴以 700r/min 正转
G00X34.Z0.;	快速定位起刀点（准备车端面）
G01X0.F0.1;	车端面
Z2.;	退刀（离开端面）
G00X30.5;	至外圆起刀点位置
G01Z-60.F0.15;	粗车 ϕ30mm 外圆，留 0.5mm 精车余量
X34.;	
G00Z2.;	
X28.;	进刀，准备车 ϕ15mm 外圆
G01Z-10.;	第 1 次粗车 ϕ15mm 外圆
X32.;	
G00Z2.;	
X23.;	
G01Z-10.;	第 2 次粗车 ϕ15mm 外圆
X32.;	
G00Z2.;	

续表

程序	说明
X18.;	
G01Z-10.;	第 3 次粗车 ϕ15mm 外圆
X21.91;	
G03X25.98Z-26.69R14.7;	粗车 R14 凸圆弧
G02X30.5Z-44.27.R14.3;	粗车 R15 凹圆弧
G00X34.;	刀具 X 向切出
G00Z2.;	
X9.;	至倒角延长线上
G01X15. Z-1.;	倒角 C1
Z-10.;	精车 ϕ15mm 外圆
X20.;	刀具 X 向切出
G03X24.84Z-26.69R14;	精车 R14 凸圆弧
G02X30.Z-45.R15;	精车 R15 凹圆弧
G01Z-60.;	精车 ϕ30 外圆
X34.;	刀具 X 向切出
X100.Z100.;	至换刀处
T0202S400;	换 2 号切断刀，主轴以 400r/min 正转
G00X34.X60.;	至切断处
G01X20.;	切槽
X34.;	刀具 X 向退刀
Z-57.;	刀具 Z 向退刀（至倒角延长线上）
G01X28.Z-55.;	倒角 C1
X0.;	切断
Z2.;	刀具 Z 向退刀
G00X100.Z100.;	
M05;	
M30;	

项目 3 外圆锥面的加工

学习目标

◇ 在数控车床上完成如图 2-43 所示的零件的编程与加工。

◇ 了解外圆锥面加工的基本方法。

◇ 掌握数控车床上外圆锥面加工编程指令。

◆ 进一步熟悉外圆车刀的对刀操作。

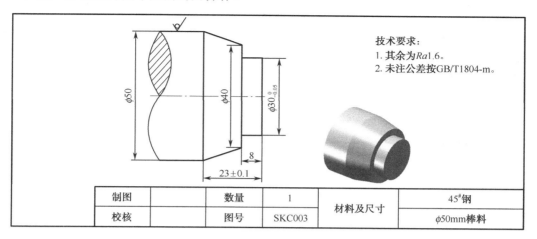

技术要求:
1. 其余为Ra1.6。
2. 未注公差按GB/T1804-m。

制图		数量	1	材料及尺寸	45#钢
校核		图号	SKC003		φ50mm棒料

图 2-43 零件图样

任务1 工艺分析

本任务加工过程中,如果采用简单的 G00 和 G01 指令进行编程,则编程指令较长,编程与输入出错率较大。因此,我们采用另一种单一固定循环指令编程,则简单得多。

1. 零件图识读

零件除由外圆、台阶与锥面组成外,其形状相对简单,但各尺寸精度要求较高(台阶外圆为 $\phi30mm$,精度要求为 $^{0}_{-0.05}$,台阶长度为 23mm,尺寸精度为±0.1),表面粗糙度为 $Ra1.6\mu m$,为保证表面质量,需选用合适的切削用量。

2. 工件装夹与坐标原点选择

零件采用三爪自定心卡盘直接装夹 $\phi50mm$ 的毛坯表面,保证伸出长度不小于 40mm。零件坐标原点选为零件右端面与轴线的交点,如图 2-44 所示。

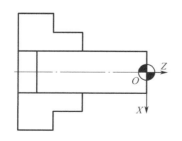

图 2-44 工件装夹与坐标原点的选择

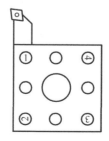

图 2-45 加工所需主要刀具

3. 刀具与加工参数选用

根据加工内容，选择 93° 机夹外圆尖刀并装夹在 1 号刀位上，如图 2-45 所示。加工时采用固定点换刀方式，换刀点坐标为（100，100）。

本任务采用 G90 循环车削圆柱面与外圆锥，粗车时采用相似三角形循环进刀方式车削外圆锥，采用 G01 精车圆柱面和外圆锥。其工艺过程和加工参数见表 2-12。

表 2-12　工艺过程和加工参数

工步内容	刀具号	主轴转速 $n/$（r/min）	进给量 $f/$（mm/r）	背吃刀量 $a_p/$（mm）	备注
车右端面	T0101	500	0.1	0.5	手动或 MDI 方式
车台阶外圆	T0101	500～800	0.1～0.15	5	自动
车锥面	T0101	500～800	0.1～0.15		自动

任务 2　程序编制

1. 编程指令

1）G90 外圆锥面车削

外圆锥面车削循环刀具移动路线如图 2-46 所示。刀具从 A 点快速移动至 B 点，再以 F 指令的进给速度到 C 点，然后退至 D 点，再快速返回至 A 点，完成一个切削循环。

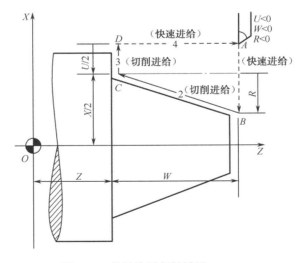

图 2-46　外圆锥面车削循环

指令编程格式为：

G90 X（U）-Z（W）-R-F-

X、Z 为绝对编程时切削终点在工件坐标下的坐标。U、W 为增量编程时快速定位终点相对于起点的位移量。R 为切削起点与切削终点的半径差。

2）G94 圆锥端面车削

圆锥端面车削刀具移动路线如图 2-47 所示。刀具从程序起点 A 开始以 G00 方式快速到达 B 点，再以 G01 的方式切削进给至终点坐标 C 点，并退至 D 点，然后以 G00 方式返回循环起点 A，准备下一个动作。

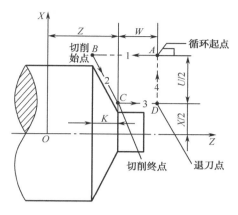

图 2-47　圆锥端面车削循环

指令编程格式为：

　　　G94 X（U）- Z（W）-K- F-

X、Z 为绝对编程时切削终点在工件坐标下的坐标。U、W 为增量编程时快速定位终点相对于起点的位移量；K 为切削起点与切削终点的半径差。

注意：G94 循环与 G90 循环的最大区别就在于 G94 第一步先走 Z 轴，而 G90 则是先走 X 轴。

实际上，单一固定循环 G90/G94 也用于内外圆柱面和平端面的车削，其进给路线如图 2-48 和图 2-49 所示。

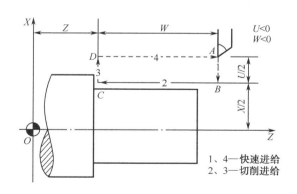

图 2-48　圆柱面车削循环

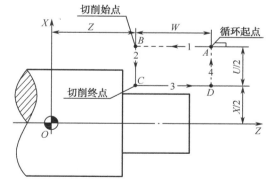

图 2-49　平端面车削循环

圆柱面车削循环时，刀具从程序起点 A 开始以 G00 方式径向移动至 B 点，再以 G01 的方式沿轴向切削进给至 C 点，然后退至 D 点，最后以 G00 方式返回至循环起点 A。准备下一个动作。其指令编程格式为：

　　　G90 X（U）-Z（W）-F-

X、Z 为绝对编程时切削终点在工件坐标下的坐标。U、W 为增量编程时快速定位终点相对于起点的位移量。图中是用直径指令的。半径指令时用 U/2 代替 U，X/2 代替 X。

在平端面车削循环与在锥端面车削循环相似，指令编程格式为：

G94 X（U）- Z（W）-F-

X、Z 为绝对编程时切削终点在工件坐标下的坐标。U、W 为增量编程时快速定位终点相对于起点的位移量。

2. 外圆锥面加工工艺路径

在数控车床上车外圆时，可分为车正锥和车倒锥两种情况。

1）车正锥的工艺路线

车正锥的工艺路线如图 2-50 所示。图（a）中所示的刀具走刀路线是相似三角形，按此加工路线，刀具切削运动距离较短。如图（b）中所示，车削正锥时不计算终刀距离，只要确定切削深度，即可车出外圆锥面，编程方便，但每次切削中切削深度是变化的，且刀具切削运动的路线较长。如图（c）中所示，车削编程时程序段较少，适合车削大小端相差较大的外圆锥面工件。

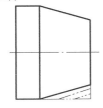 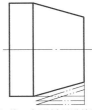

（a）相似三角形循环进给路线　　（b）终点相同三角形循环进给路线　　（c）相等三角形循环进给路线

图 2-50　车正锥的加工路线

2）车倒锥的工艺路线

车倒锥的原理与车正锥的原理相同，如图 2-51 所示。

（a）相似三角形循环进给路线　　（b）终点相同三角形循环进给路线

图 2-51　车倒锥的加工路线

注意：（1）单一固定循环在使用时应根据坯件的形状和工件的加工轮廓进行适当的选择，一般情况下的选择如图 2-52 所示。

G90　　　　　　G90（R）　　　　　　G94　　　　　G94（R）

图 2-52　固定循环的选择

（2）如果在使用固定循环的程序中指定了 EOB 或零运动指令，则重复执行同一固定循环。

（3）当工件直径较大时，因受车床床鞍行程的限制，车刀则只能按如图 2-53 所示的方法装夹。这时，车刀虽然是装在 2# 刀位，但数控 CNC 系统则认定的当前刀位是 1#，因此在对刀时要特别注意。

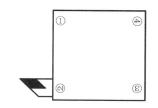

图 2-53　直径较大时车刀的安装

3．程序编制

外圆弧面加工参考程序见表 2-13。

表 2-13　外圆弧面加工参考程序

程序	说明
O2003;	程序名
G99T0101M03S500;	用 G 指令建立坐标系，主轴以 500r/min 正转
G00X52.Z0.;	快速定位起刀点（准备车端面）
G01X0.F0.1;	车端面
Z2.;	退刀（离开端面）
G90 X45.Z-8.F0.15;	G90 循环粗车台阶外圆
X40.;	
X35.;	
X30.8;	
G00Z-8.;	至圆锥面起刀点位置
G90X50.Z-13.R-1.667;	G90 循环粗车锥面
X50.Z-18.R-3.333;	
X50.Z-22.R-4.667;	
G00Z2.;	
S800;	
G00X30.;	
G01Z-8.F0.1;	精车台阶外圆
X40.;	
G01X50.Z-23.;	精车圆锥面
X52.;	
G00X100.Z100.;	
M05;	
M30;	

4．质量分析

锥面加工质量分析见表 2-14。

表 2-14　锥面加工质量分析

问题现象	产生原因	预防方法
锥度不符合要求	1. 程序错误 2. 工件装夹不正确	1. 检查修改加工程序 2. 检查工件安装，增加安装刚性
切削过程出现振动	1. 工件装夹不正确 2. 刀具安装不正确 3. 切削参数不正确	1. 正确安装工件和刀具 2. 编程时合理选择切削参数
锥面径向尺寸不符合要求	1. 程序错误 2. 刀具磨损 3. 没考虑刀尖圆弧补偿	1. 保证编程正确，并考虑刀具补偿 2. 及时更换磨损大的刀具
切削过程出现干涉现象	工件锥度大于刀具后角	1. 选择正确刀具 2. 改变切削方式

项目 4　外圆粗精车固定循环加工

学习目标

◇ 在数控车床上完成如图 2-54 所示的零件的编程与加工。

◇ 掌握外圆粗、精车循环指令 G71、G70 的格式。

◇ 掌握 G71、G70 指令的编程方法。

◇ 掌握精加工余量的确定方法。

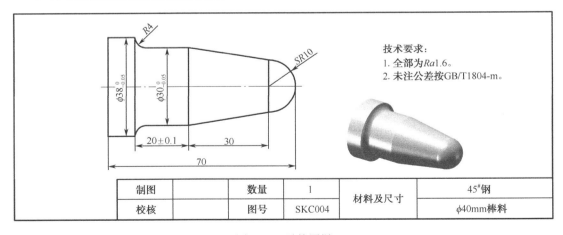

图 2-54　零件图样

任务 1　工艺分析

该任务中含有圆弧指令，所以无法用 G90（或 G94）指令来切除余量，根据零件图采用

G71 粗加工循环、G70 精加工循环。在编程时，教师要特别讲清楚刀具合理切削深度 U、退刀量 R 和精加工余量的设置。特别要指出 G70 精加工循环时的循环起点一定要设置合理，否则很容易出现撞刀。

1. 零件图识读

零件除由外圆、锥面、圆弧等组成外，其形状略显复杂，各尺寸精度要求较高（外圆 ϕ38mm，精度要求为 $^{\ 0}_{-0.05}$，长度为 20mm，尺寸精度为±0.1），表面粗糙度为 Ra1.6μm。

另外，编程时应注意锥面长度 30mm 不是从端面开始的，其大端 Z 向终点坐标应加上 SR10mm 圆弧的 Z 向长度。

2. 工件装夹与坐标原点选择

工件采用三爪自定心卡盘直接装夹，保证伸出长度为 80mm 左右。坐标原点选在右端面与工件轴线交点上，如图 2-55 所示。

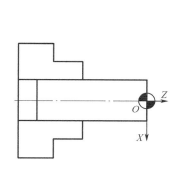

图 2-55 工件装夹与坐标原点的选择

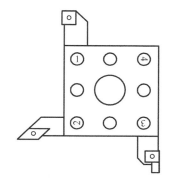

图 2-56 加工所需主要刀具

3. 刀具与加工参数选用

根据加工内容，选择 93° 机夹外圆粗车刀和 35° 外圆精车刀，并装夹在 1 号和 2 号刀位上，选择刀宽为 4mm 的切断刀并安装在 3 号刀位上，如图 2-56 所示。其工艺过程和加工参数见表 2-15。

表 2-15 工艺过程和加工参数

工步内容	刀具号	主轴转速 n/（r/min）	进给量 f/（mm/r）	背吃刀量 a_p/（mm）	备注
车右端面	T0101	700	0.2	0.5	手动或 MDI 方式
粗车外形轮廓	T0101	800	0.1～0.2		自动
精车外形轮廓	T0202	1000	0.1		自动
切断	T0303	400	0.1	4	自动

任务 2　程序编制

1.　编程指令

1）粗车固定循环 G71

G71 指令用于粗车圆柱棒料，以切除较多的加工余量。其粗车循环的运动轨迹如图 2-57 所示。刀具沿 Z 轴多次循环切削，最后再按留有精加工余量 Δw 和 $\Delta u/2$ 之后的精加工形状进行加工。

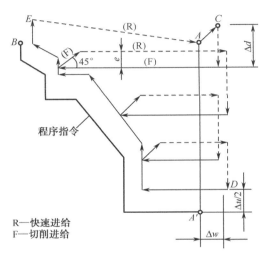

图 2-57　G71 指令刀具循环路径

指令书写格式为：

> G71 U （Δd）　R （e）
> G71 P （ns）Q （nf）U （Δu）W （Δw）F （f）S （s）T （t）

Δd 表示每次的背吃刀量（Δd 无符号，切入的方向由 A—A' 方向决定）。e 是退刀量，非模态值，在下次指定前均有效。ns 为精加工路径第一程序段的顺序号；nf 为精加工路径最后程序段的顺序号；Δu 为 X 方向精加工余量的距离及方向；Δw 为 Z 方向精加工余量 R 的距离及方向。在 G71 循环中，顺序号 ns～nf 之间程序段中的 F、S、T 功能无效，全部忽略，仅在有 G71 指令的程序段中有效。Δd、Δu 都用同一地址 U 指定，其区分是根据程序段有无指定的 P、Q 加以区别的。循环动作由 P、Q 指定的 G71 指令进行。G71 有四种切削情况，无论是哪一种都是根据刀具重复平行 Z 轴移动进行切削的，Δu、Δw 的符号如图 2-58 所示。

2）精加工循环 G70

指令书写格式为：

> G70 P （ns）Q （nf）

ns 为精车轨迹的第一个程序段的程序段号；nf 为精车轨迹的最后一个程序段的程序段号。刀具从起点位置沿着 ns-nf 程序段给出工件精加工轨迹进行精加工。

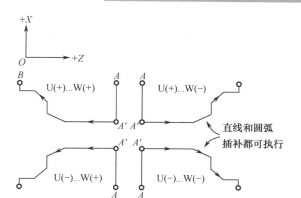

图 2-58　G71 循环中 U 和 W 的符号

2. 精加工余量的确定

1）精加工余量的概念

精加工余量是指精加工过程中所切除的金属层厚度。通常情况下，精加工余量由精加工一次切削完成。

2）精加工余量的影响因素

精加工余量的大小对零件的最终加工质量有着直接的影响。选取的精加工余量不能过大，也不能过小，余量过大会增加切削力，产生切削热，进而影响加工精度和加工表面质量；余量过小，则不能消除上道工序（或工步）留下的各种误差、表面缺陷和本工序的装夹误差，容易造成废品。因此，应根据影响余量大小的因素合理地确定精加工余量。

3）精加工余量的确定方法

确定精加工余量的方法主要有以下三种。

（1）经验估算法。此法是凭工艺人员的实践经验估算精加工余量。为避免因余量不足而产生废品，所估余量一般偏大，仅用于单件小批量生产。

（2）查表修正法。将生产实践和试验研究积累的有关精加工余量的资料制成表格，并汇编成手册。确定精加工余量时，可先从手册中查得所需数据，然后再结合生产的实际情况进行适当修正。

（3）分析计算法。采用此法时，需运用计算公式和一定的试验资料，对影响精加工余量的各项因素进行综合分析和计算来确定其精加工余量。用这种方法确定的精加工余量比较经济合理，但必须有较全面和可靠的试验资料。

3. 程序编制

外圆粗精车固定循环加工参考程序见表 2-16。

表 2-16　外圆粗精车固定循环加工参考程序

程序	说明
O2004;	主程序名
G99 T0101 M03 S700;	用 G 指令建立工件坐标系，主轴以 700r/min 正转

续表

程序	说明
G00 X42. Z0.;	刀具定位
G01 X0. F0.2;	车端面
Z2.;	退刀（离开端面）
G71U2.R1.;	
G71P25Q100U0.5W0.25F0.2;	
N25G00X0.;	
Z0.;	
G03X20.Z-10.R10.F0.1;	从右至左 G71 循环粗车外轮廓
G01X30.Z-40.;	
Z-56.;	
G02X38.Z-60.R4.;	
G01Z-80.;	
N100G01X42.;	
G00X100.Z100.;	
T0202S1000;	换 2 号刀
G00X42.Z2.;	刀具定位
G70P25Q100;	G70 精车外轮廓
G00X100.Z100.;	
T0303S400;	换 3 号刀
G00X44.Z-74.;	刀具定位
G01X0.F0.05;	切断
G00 X100. Z100.;	至换刀点位置
M05;	主轴停
M30;	主程序结束并返回

项目 5　端面粗精车固定循环加工

 学习目标

◇ 在数控车床上完成如图 2-59 所示的零件的编程与加工。

◇ 掌握 G72 指令和编程要点和方法。

◇ 正确执行安全技术操作规程。

◇ 能按企业有关文明生产的规定，做到工作场地整洁，工件、工具、量具摆放整齐。

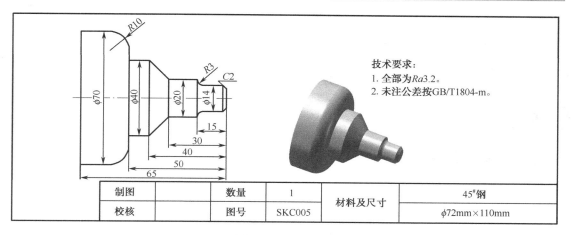

技术要求:
1. 全部为Ra3.2。
2. 未注公差按GB/T1804-m。

制图		数量	1	材料及尺寸	45#钢
校核		图号	SKC005		ϕ72mm×110mm

图 2-59 零件图样

任务 1 工艺分析

1. 零件图识读

该零件加工表面包含外圆柱面、圆弧面等,其外圆尺寸加工精度要求一般;该零件外圆加工表面粗糙度值为 $Ra3.2\mu m$。

2. 工件装夹与坐标原点选择

零件采用三爪自定心卡盘直接装夹ϕ72mm 的毛坯表面,保证伸出长度大于 70mm。坐标原点选在右端面与工件轴线交点上,如图 2-60 所示。

3. 刀具与加工参数选用

根据加工内容,将 90°外圆车刀安装在 1 号刀位上,如图 2-61 所示。加工时采用固定点换刀方式,换刀点坐标为(100,100)。其工艺过程和加工参数见表 2-17。

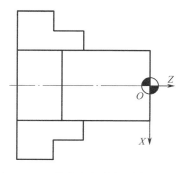

图 2-60 工件装夹与坐标原点的选择

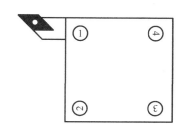

图 2-61 加工所需主要刀具

表 2-17 工艺过程和加工参数

工步内容	刀具号	主轴转速 $n/$（r/min）	进给量 $f/$（mm/r）	背吃刀量 $a_p/$（mm）	备注
车端面	T0101	800	0.1	0.5	手动或 MDI 方式
循环粗车外轮廓	T0101	800	0.2		自动

任务 2 程序编制

1. 编程指令

G72 指令与 G71 指令相类似，不同之处在于刀具的运动轨迹是平行于 X 轴的，如图 2-62 所示。

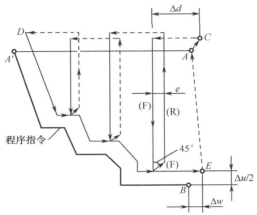

图 2-62 G72 指令刀具循环路径

指令书写格式为：

G72 U（Δd） R（e）
G72 P（ns）Q（nf）U（Δu）W（Δw）F（f）S（s）T（t）

用 G72 的切削形状，有下列四种情况，无论是哪一种，都要根据刀具重复平行于 X 轴的动作进行切削。Δu、Δw 的符号如图 2-63 所示。

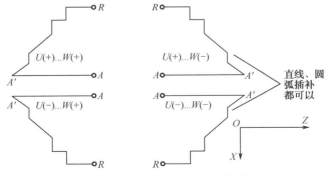

图 2-63 G72 循环中 U 和 W 的符号

注意：在 FANUC 系统的 G72 指令中，顺序号 ns 所指程序段必须沿 Z 轴进刀，且不能出现 X 坐标字，否则会出现报警。

2. 程序编制

端面粗精车固定循环加工参考程序见表 2-18。

表 2-18　端面粗精车固定循环加工参考程序

程序	说明
O2005;	主程序名
G99 T0101 M03 S800;	用 G 指令建立工件坐标系，主轴以 800r/min 正转
G00 X72. Z0.;	快速定位起刀点（准备车端面）
G01 X0. F0.1;	车端面
Z2.;	退刀（离开端面）
G00 X72.;	至外圆起刀点位置
G72U1.R0.2;	
G72P10Q50U0.2W0.5F0.2;	
N10 G00 Z-65.;	
G01X70.;	进刀
Z-60.;	车 ϕ70 外圆
G02X50.Z-50.R10.F0.1;	车 R10 凸圆弧
G01X40.;	车台阶端面
Z-40.;	车 ϕ40 外圆
X20.Z-30.;	车斜面
Z-15.;	车 ϕ20 外圆
G03X14.Z-12.R3.;	车 R3 凹圆弧
G01Z-2.;	车 ϕ14 外圆
N50G01X10.Z0.;	倒角
G00 X100. Z100.;	至换刀点位置
M05;	主轴停
M30;	主程序结束并返回

项目 6　内轮廓加工

 学习目标

◇　在数控车床上完成如图 2-64 所示的零件的编程与加工。

◇　了解套类工件的基本加工方法。

◇　能正确编制套类工件的数控加工程序。

◇ 能按企业有关文明生产的规定，做到工作场地整洁，工件、工具、量具摆放整齐。

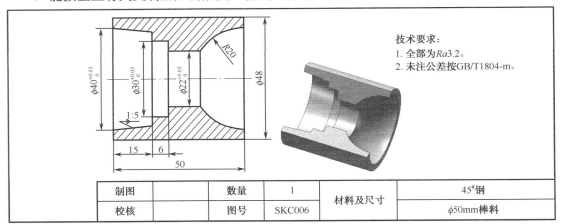

技术要求：
1. 全部为 Ra3.2。
2. 未注公差按GB/T1804-m。

制图		数量	1	材料及尺寸	45#钢
校核		图号	SKC006		φ50mm棒料

图 2-64　零件图样

任务 1　工艺分析

1. 零件图识读

该零件由内孔、锥面、内圆弧面等组成，加工精度要求较高，各尺寸精度要求较高（内孔为 φ40mm、φ30mm、φ20mm，精度要求为 $^{+0.03}_{0}$），加工表面粗糙度值为 Ra3.2μm。

2. 工件装夹与坐标原点选择

零件采用三爪自定心卡盘直接装夹 φ50mm 的毛坯表面，保证伸出长度为 60mm 左右。因需调头加工，工件坐标原点有两个，均选为零件端面与轴线的交点，如图 2-65 所示。

3. 刀具与加工参数选用

根据加工内容，将机夹外圆车刀、内孔车刀的切断刀分别安装在 1、2、3 号刀位上，如图 2-66 所示。加工时采用固定点换刀方式，换刀点坐标为（100，100）。其工艺过程和加工参数见表 2-19。

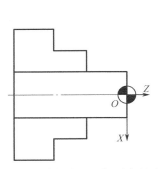

图 2-65　工件装夹与坐标原点的选择

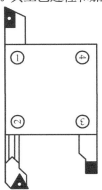

图 2-66　加工所需主要刀具

表 2-19　工艺过程和加工参数

工步内容	刀具号	主轴转速 n/（r/min）	进给量 f/（mm/r）	背吃刀量 a_p/（mm）	备注
钻孔	麻花钻	400		10	麻花钻安装在尾座上，不参与编程
车端面	T0101	700	0.05	0.5	手动或 MDI 方式
车外圆	T0101	700	0.15	1	自动
车左端内轮廓	T0202	450	0.12		自动
切断	T0303	400	0.12	4	自动
调头车右端内轮廓	T0202	450	0.2		自动

任务 2　程序编制

　　因为零件需进行调头车削，由于加工端面在机床坐标系的 Z 轴上的位置不同，同样需要进行对刀，但只需在 Z 方向上对刀即可。零件加工参考程序见表 2-20、表 2-21。

表 2-20　内轮廓加工参考程序（加工左端）

程序	说明
O2006;	主程序名
G99 T0101 M03 S700;	用 G 指令建立工件坐标系，主轴以 700r/min 正转
G00 X52.Z0.;	
G01X18.F0.05;	车端面
X2.;	
G00X48.;	
G01Z-55.F0.15;	
X52.;	
G00X100.Z100.;	
T0202S450;	
G00X18.Z2.;	
G71U1.R0.3;	
G71P20Q70U-0.5W0.5F0.12;	
N20G00X40.S1200;	
G01Z0.;	
X37.Z-15.;	G71 循环粗车左端内轮廓面
X30.;	
Z-21.;	
X22.;	

续表

程序	说明
Z-34.;	G71 循环粗车左端内轮廓面
N70G01X18.;	
G00Z2.;	
G00X100.Z100.;	
T0303S400;	
G00X52.Z-54.;	
G01X18.F0.12;	切断
G00X100.Z100.;	
M05;	主轴停
M30;	主程序结束并返回

表 2-21　内轮廓加工参考程序（加工右端）

程序	说明
O2007;	主程序名
G99 T0101 M03 S700;	用 G 指令建立工件坐标系，主轴以 700r/min 正转
G00X50.Z0.;	
G01X18.F0.05;	车右端面
Z2.;	
G00X100.Z100.;	
T0202S450;	
G00X18.Z2.;	
G71U1.R0.3;	
G71P80Q150U-0.5W0.5F0.12;	
N80G00X40.S1200;	
G01Z0.;	G71 循环粗车右端内轮廓面
G03X21.07Z-17.R20.;	
N150G01X18.	
G00Z2.;	
G00X100.Z100.;	
M05;	主轴停
M30;	主程序结束并返回

项目 7　仿形车复合固定循环加工

学习目标

◇ 在数控车床上完成如图 2-67 所示的零件的编程与加工。

◇ 掌握仿形车复合循环指令的编程方法。

◇ 选择仿形车加工用刀具。

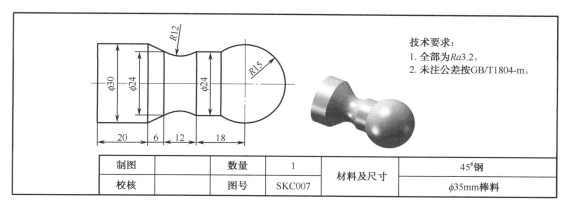

技术要求：
1. 全部为 Ra3.2。
2. 未注公差按GB/T1804-m。

制图		数量	1	材料及尺寸	45# 钢
校核		图号	SKC007		φ35mm 棒料

图 2-67　零件图样

任务 1　工艺分析

1. 零件图识读

该零件加工表面包含外圆柱面、圆弧面等，其外圆尺寸加工精度要求一般；该零件外圆加工表面粗糙度值为 Ra3.2μm。

由于工件轮廓表面不是单调递增或递减的表面，所以无法采用 G71 或 G72 循环指令加工，因此采用仿形复合循环指令 G73 编程较为合适。仿形复合循环指令 G73 就是按照一定的切削形状逐渐地接近最终形状。

2. 工件装夹与坐标原点选择

零件采用三爪自定心卡盘直接装夹 φ35mm 的毛坯表面，保证伸出长度为 80mm 左右。坐标原点选在右端面与工件轴线交点上，如图 2-68 所示。

3. 刀具与加工参数选用

根据加工内容，将 90° 外圆尖车刀和切断刀安装在 1、2 号刀位上，如图 2-69 所示。加工时采用固定点换刀方式，换刀点坐标为（100，100）。工件采用 G73 循环车削时分五次循环进给完成，前四次循环车削效果如图 2-70 所示。其工艺过程和加工参数见表 2-22。

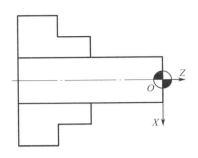

图 2-68　工件装夹与坐标原点的选择

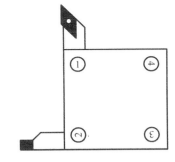

图 2-69　加工所需主要刀具

（a）G73 第一次循环车削效果

（b）G73 第二次循环车削效果

（c）G73 第三次循环车削效果

（d）G73 第四次循环车削效果

图 2-70　前四次循环车削效果

表 2-22　工艺过程和加工参数

工步内容	刀具号	主轴转速 $n/$（r/min）	进给量 $f/$（mm/r）	背吃刀量 $a_p/$（mm）	备注
车端面	T0101	600	0.1	0.5	手动或 MDI 方式
循环车外轮廓	T0101	600	0.1～0.2		自动
切断	T0202	400	0.1	4	自动

任务 2　程序编制

1. 编程指令

仿形复合固定循环 G73 走刀路径如图 2-71 所示，该循环按同一轨迹重复切削，每次切削刀具向前移动一次。

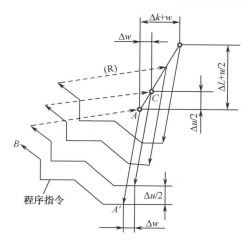

图 2-71　G37 走刀路径（37 换位）

G73 指令编程格式为：

G73 U（Δi）　W（Δk）R（Δd）；

G73 P（ns）Q（nf）U（Δu）W（Δw）F-S-T-；

Δi 为 X 轴方向退刀的距离及方向（半径指定）。这个指定是模态的，一直到下次指定前均有效。并且用参数（No53）也可以设定。根据程序指令，参数值也改变。Δk 为 Z 轴方向的退刀距离及方向。这个指令是模态的，一直到下次指定前均有效。并且用参数（No54）也可以设定。根据程序指令，参数值也改变。d 为分层次数（粗车重复加工次数）。该指令是模态的，直到下次指定前均有效。并且用参数（No55）也可以设定。根据程序指令，参数值也改变。ns 是构成精加工形状的程序群的第一个程序段的顺序号；nf 是构成精加工形状的程序群的最后一个程序段的顺序号。Δu 为 X 轴方向的精加工余量（直径/半径指定）；Δw 为 Z 轴方向的精加工余量。在 ns～nf 间任何一个程序段上的 F、S、T 功能均无效。仅在 G73 中指定的 F、S、T 功能有效。Δi、Δk、Δu、Δw 都用地址 U、W 指定，它们的区别是根据有无指定的 P、Q 来判断。循环动作依 G73 指令的 P、Q 进行。

注意：（1）G73 循环主要用于车削固定轨迹轮廓。这种复合循环可有效地切削铸造成形、锻造成形或已粗车成形的工件。对不具备类似成形条件的工件，如采用 G73 进行编程与加工，反而会增加刀具在切削过程中的空行程，而且也不便于计算粗车余量。

（2）在 G73 程序段中，"ns" 所指程序段可以向 X 轴或 Z 轴的任意方向进刀。

（3）G73 循环加工的轮廓形状，没有单调递增或单调递减形式的限制。

（4）在 G73 指令循环加工中，精车余量应根据具体的加工要求和加工形状来确定。

2．程序编制

仿形固定循环加工参考程序见表 2-23。

表 2-23　仿形固定循环加工参考程序

程序	说明
O2008；	主程序名

续表

程序	说明
G99 T0101;	选用 1 号刀
G00 X37.Z0. S600 M03;	快速定位起刀点，主轴以 600r/min 正转
G01 X0.F0.1;	车端面
G00 X37.Z2.;	
G73 U11.W 0.1 R4.;	
G73 P20 Q50 U0.2 W0.5 F0.2;	
N20 G00 X0.;	
Z1.;	
G03 X24.Z-24.R15. F0.1;	G73 循环粗车各外形表面：
G01 Z-33.;	X 向退刀量为 11mm，Z 向退刀量为 1mm；
G02 X24.Z-45.R12.;	指定精车路线：N20～N50，精车余量 X 向为 0.5mm，Z 向为 0.05mm
G01 X30.W-6.;	
Z-75.;	
N50 G01 X36.;	
G70 P20 Q50;	
G00X100.Z100.;	
T0202S400;	
G00X37.Z-74.;	
G01X0.F0.1;	切断
G00X100.Z100.;	
M05;	主轴停
M30;	主程序结束并返回

项目 8　子程序编程

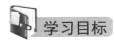 学习目标

◇ 在数控车床上完成如图 2-72 所示的零件的编程与加工。

◇ 掌握子程序的编程方法。

◇ 掌握数控编程中的数值计算方法。

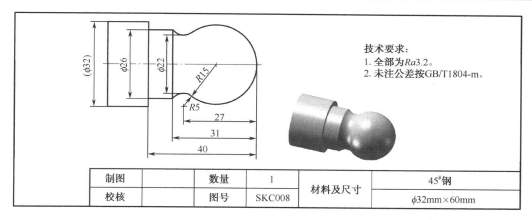

图 2-72　零件图样

任务 1　工艺分析

1. 零件图识读

该零件由外圆、凸圆和凹圆弧组成，所要加工尺寸的有：圆弧尺寸为 R5 和 R15，径向尺寸为 $\phi22mm$、$\phi26mm$，轴向尺寸为 27mm、31mm、40mm，加工表面粗糙度值为 Ra3.2μm，加工精度要求不高。但在加工过程中，需分多次加工出圆弧面。

2. 工件装夹与坐标原点选择

零件采用三爪自定心卡盘直接装夹 $\phi32mm$ 的毛坯表面，保证伸出长度大于 45mm，坐标原点选在右端面与工件轴线的交点上，如图 2-73 所示。

3. 刀具选用

根据加工内容，将 93° 外圆尖车刀安装在 1 号刀位上，如图 2-74 所示。加工时采用固定点换刀方式，换刀点坐标为（100，100）。本任务由于凸圆弧 R15mm 外形尺寸大于 $\phi26mm$ 外圆直径，因而加工时不能先车出 $\phi26mm$ 外圆直径。其工艺过程和加工参数见表 2-24。

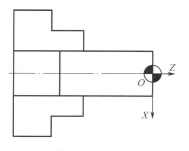

图 2-73　工件装夹与坐标原点的选择

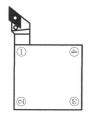

图 2-74　加工所需主要刀具

表 2-24　工艺过程和加工参数

工步内容	刀具号	主轴转速	进给量	背吃刀量	备注
		n/（r/min）	f/（mm/r）	a_p/（mm）	
车右端面	T0101	600	0.05	0.5	手动或 MDI 方式
车圆弧	T0101	500	0.1		自动
车外圆	T0101	600	0.1		自动

任务 2　程序编制

在编写本任务的精加工程序时，由于工件轮廓由许多相类似的形状组成，因此采用子程序方式进行编程可实现简化编程的目的。

1. 编程指令

1）子程序的定义

机床的加工程序可以分为主程序和子程序两种。主程序是一个完整的零件加工程序，或是零件加工程序的主体部分。它与被加工零件或加工要求一一对应，不同的零件或不同的加工要求都有唯一的主程序。

在编制加工程序中，有时会遇到一组程序段在一个程序中多次出现，或者在几个程序中都要使用它。这个典型的加工程序可以做成固定程序，并单独加以命名，这组程序段就称为子程序。

注意：子程序一般都不可以作为独立的加工程序使用，它只能通过主程序进行调用，实现加工中的局部动作。子程序执行结束后，能自动返回到调用它的主程序中。

2）子程序的嵌套

为了进一步简化加工程序，可以允许其子程序再调用另一个子程序，这一功能称为子程序的嵌套，如图 2-75 所示。

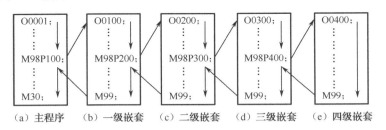

图 2-75　子程序的嵌套

3）子程序的格式

在大多数数控系统中，子程序与主程序并无本质区别。子程序和主程序在程序号与程序内容方面基本相同，仅结束标记不同。主程序用 M02 或 M30 表示其结束，而子程序在 FANUC 系统中则用 M99 表示结束，并实现自动返回主程序功能。

4）子程序的调用

在 FANUC 0i 数控系统中，子程序的调用可通过辅助功能指令 M98 进行，同时在调用格式中将子程序的程序号地址改为 P，其常用的子程序调用格式有以下两种。

格式一：　M98P××××L××××；

其中，地址符 P 后面的 4 位数为子程序号，地址 L 后面的数字表示重复子程序的次数，子程序号与调用次数前的 0 可省略不写。如果子程序只调用一次，则地址 L 与其后的数字均可省略。

格式二：M98P××××××××；

在地址 P 后面的 8 位数字中，前 4 位表示调用次数，后 4 位表示子程序号。采用这种格式时，调用次数前的 0 可省略不写，但子程序号前的 0 不可省略。

注意： 在同一数控系统中，子程序的两种格式不能混合使用。

子程序在调用时也有其特殊的用法：

（1）子程序返回到主程序中的某一程序段。如果在子程序的返回指令中加上 Pn 指令，则子程序在返回主程序时，将返回到主程序中的程序段段号为 n 的那个程序段，而不直接返回到主程序。

（2）自动返回到程序开始段。如果在主程序中执行 M99，则程序将返回到主程序的开始程序段并继续执行主程序。也可以在主程序中插入 M99 Pn，用于返回到指定的程序段。为了能够执行后面的程序，通常在该指令前加 "/"，以便在不需要返回执行时，跳过该程序段。

（3）强制改变子程序重复执行的次数。用 M99 L×× 指令可强制改变子程序重复执行的次数，其中 L×× 表示子程序调用的次数。

2．手工编程中的数值计算

根据零件图样，按照已确定的加工路线和允许的编程误差，计算数控系统所需输入的数据，称为数控加工的数值计算。

1）基点、节点的概念

（1）基点的概念。一个零件的轮廓往往由许多不同的几何元素组成，如直线、圆弧、二次曲线以及其他公式曲线等。构成零件轮廓的这些不同几何元素的连接点称为基点，如图 2-76 中的 A、B、C、D、E 和 F 等点都是该零件轮廓上的基点。显然，相邻基点间只能是一个几何元素。

（2）节点的概念。当采用不具备非圆曲线插补功能的数控机床加工非圆曲线轮廓的零件时，在加工程序的编制工作中，常常需要用直线或圆弧去近似代替非圆曲线，称为拟合处理。拟合线段的交点或切点就称为节点。如图 2-77 中的 P_1、P_2、P_3、P_4、P_5 点为直线拟合非圆曲线时的节点。

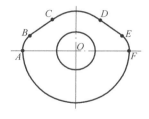

图 2-76　零件轮廓中的基点

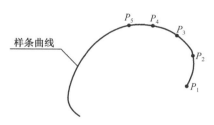

图 2-77　零件轮廓中节点

2）基点的计算方法

常用基点的计算方法有列方程求解法、三角函数计算法、CAD 绘图分析法等。

（1）列方程求解法。由于基点计算主要内容为直线和圆弧的端点、交点、切点的计算，因此列方程求解法中用到的直线和圆弧方程如下。

直线方程的一般形式为：

$$Ax+By+C=0$$

式中，A、B、C——任意实数，并且 A、B 不能同时为零。

直线方程的标准形式为：

$$y=kx+b$$

式中，k——直线斜率，即倾斜角的正切值；

　　　b——直线在 Y 轴上的截距。

圆的标准方程为：

$$(x-a)^2 + (y-b)^2 = R^2$$

式中，a、b——圆心的横、纵坐标；

　　　R——圆的半径。

圆的一般方程为：

$$x^2+y^2+Dx+Ey+F=0$$

式中，D——常数，并等于 $-2a$，a 为圆心的横坐标；

　　　E——常数，并等于 $-2b$，b 为圆心的纵坐标；

　　　F——常数，并等于 $a^2+b^2-R^2$，其圆半径 $R=\sqrt{D^2+E^2-4F}$

（2）三角函数计算法。三角函数计算法简称三角计算法。在手工编程时，是进行数学处理应掌握的重点方法之一。三角函数计算法常用的三角函数定理的表达式如下。

正弦定理：$\dfrac{a}{\sin A}=\dfrac{b}{\sin B}=\dfrac{c}{\sin C}=2R$

余弦定理：$\cos A=\dfrac{b^2+c^2-a^2}{2bc}$

式中，a、b、c——分别为角 A、B、C 所对边的边长；

　　　R——三角形外接圆半径。

（3）CAD 绘图分析法。采用 CAD 绘图分析法可以避免大量复杂的人工计算，操作方便，基点分析精度高，出错概率小。

采用 CAD 绘图来分析基点与节点坐标时，首先应学会 CAD 软件的使用方法，然后用该软件绘制出二维零件图并标出相应尺寸（通常是基点与工件坐标系原点间的尺寸），最后根据坐标系的方向及所标注的尺寸确定基点的坐标。采用这种方法分析基点坐标时，要注意以下几方面的问题。

① 绘图要细致认真，不能出错。

② 图形绘制时应严格按 1:1 的比例进行。

③ 尺寸标注的精度单位要设置正确，通常为小数点后 3 位。

④ 标注尺寸时找点要精确，不能捕捉到无关的点上去。

3. 程序编制

子程序加工参考程序见表 2-25。

表 2-25　子程序加工参考程序

程序	说明
O2009;	主程序名
G99 T0101;	选用 1 号刀
G00 X34.Z0. S600 M03;	快速定位起刀点，主轴以 600r/min 正转
G01X0.F0.05;	车端面
Z2.;	Z 向退刀
G00X34.;	X 向退刀
M98 L11 P8001;	调用子程序 O8001，共计 11 次
G00 X100. Z100.;	返回换刀点位置
M05;	主轴停
M30;	主程序结束并返回
O8001;	子程序名
G01 U-4.;	
Z0.;	
G03 U24.Z-22.R15.F0.1;	车 R15 凸圆弧
G02 U2.Z-31.R5.;	车 R5 凹圆弧
G01 Z-40.;	车 ϕ26 外圆
U12.;	
G00 Z2.;	
G01 U-34.;	
M99;	子程序结束并回到主程序

项目 9　刀尖圆弧半径补偿加工

学习目标

◇ 在数控车床上完成如图 2-78 所示的零件的编程与加工。

◇ 了解刀具长度补偿概念。

◇ 掌握刀尖圆弧半径补偿的编程方法。

◇ 掌握刀沿位置号的确定方法。

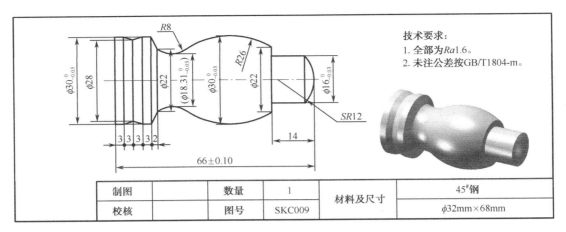

图 2-78 零件图样

任务1 工艺分析

1. 零件图识读

该零件由外圆、圆弧、沟槽和斜面等组成，形状结构相对复杂，所要加工的尺寸有：尺寸为 $SR12$、凸圆 $R26$ 和凹圆 $R8$，尺寸要求较高（$\phi30mm$、$\phi16mm$、$\phi18.31mm$ 为 $_{-0.03}^{0}$，总长为 66mm，加工精度为 ±0.10），加工表面粗糙度值为 $Ra1.6\mu m$。

2. 工件装夹与坐标原点选择

零件采用三爪自定心卡盘直接装夹 $\phi32mm$ 的毛坯表面，保证伸出长度大于 70mm，坐标原点选在右端面与工件轴线交点上，如图 2-79 所示。

3. 刀具与加工参数选用

采用 93°机夹外圆车刀（刀尖圆弧半径为 0.8mm）和刀头宽为 3mm 的切断刀，并安装在 1、2 号刀位上，如图 2-80 所示。加工时采用固定点换刀方式，换刀点坐标为（100，100）。其工艺过程和加工参数见表 2-26。

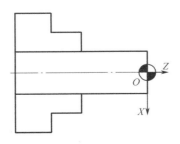

图 2-79　工件装夹与坐标原点的选择

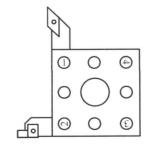

图 2-80　加工所需主要刀具

表 2-26　工艺过程和加工参数

工步内容	刀具号	主轴转速	进给量	背吃刀量	备注
		$n/$（r/min）	$f/$（mm/r）	$a_p/$（mm）	
车右端面	T0101	600	0.05	0.5	手动或 MDI 方式
车外形轮廓	T0101	600～1000	0.1～0.2		自动
切断	T0202	500	0.1	3	自动

任务 2　程序编制

1. 编程指令

在数控实际的加工中，由于刀具产生磨损以及精加工时的需要，常常将车刀的刀尖修磨成半径较小的圆弧，这时的刀位点为刀尖圆弧的圆心。为确保工件轮廓形状，加工时不允许刀具刀尖圆弧的圆心运动轨迹与被加工工件轮廓重合，而应与工件轮廓偏置一个半径值，这种偏置称为刀尖圆弧半径补偿。

在图 2-81 中，用圆弧刀尖的外圆车刀切削加工时，圆弧刃车刀的对刀点分别为 B 点和 C 点，所形成的假想刀位点为 O 点，但在实际加工过程中，刀具切削点在刀尖圆弧上变动，从而在加工过程中可能产生过切或欠切现象。因此，采用圆弧刃车刀在不使用刀尖圆弧半径补偿功能的情况下，加工工件时就会出现表 2-27 中的几种误差情况。

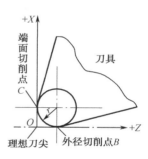

图 2-81　假想刀尖示意图

表 2-27　未使用在圆弧补偿功能时的误差情况

加工情况	说明	图示
加工台阶面或端面	加工表面的尺寸和形状影响不大，但在端面的中心位置和台阶的清角位置会产生残留误差	
加工圆锥面	对圆锥的锥度不会产生影响，但对锥面的大小端尺寸会产生较大的影响，通常情况下，会使外锥面的尺寸变大，而使内锥面的尺寸变小	

续表

加工情况	说明	图示
加工圆弧	会对圆弧的圆度和圆弧半径产生影响。加工外凸圆弧时，会使加工后的圆弧半径变小。加工内凹圆弧时，会使加工后的圆弧半径变大	理论轮廓 实际轮廓 $R-r$ R

刀具半径补偿一般必须通过准备功能指令 G41/G42 建立，刀具半径补偿建立后，刀具中心在偏离编程工件轮廓一个半径的等距上运动。

1）刀尖半径左补偿指令 G41

如图 2-82 所示，顺着刀具运动方向看，刀具在工件左侧，称为刀尖半径左补偿，用 G41 代码编程。

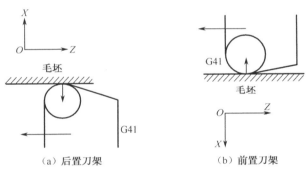

（a）后置刀架　　　　　　（b）前置刀架

图 2-82　刀尖半径左补偿

刀尖半径左补偿指令 G41 的书写格式为：

　　　G41 G00/G01 X-Z-F-；

2）刀尖半径右补偿指令 G42

如图 2-83 所示，顺着刀具运动方向看，刀具在工件右侧，称为刀尖半径右补偿，用 G42 代码编程。

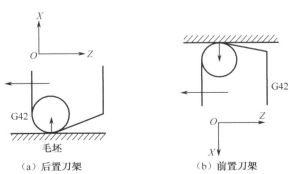

（a）后置刀架　　　　　　（b）前置刀架

图 2-83　刀尖半径右补偿

刀尖半径右补偿指令 G42 的书写格式为：

> G42 G00/G01 X-Z-F-;

3）取消刀尖半径左、右补偿指令 G40

如需要取消刀尖半径左、右补偿，可编入 G40 代码。这时，使假想的刀尖轨迹与编程轨迹重合。

取消刀尖半径左、右补偿指令 G40 的书写格式为：

> G40 G00/G01 X-Z-F-;

📁 **注意**：（1）G41、G42、G40 不能与圆弧切削指令写在同一个程序段内。

（2）在调用新刀具前或要更改刀具补偿方向时，中间必须取消刀具补偿。目的是避免产生加工误差或干涉。

（3）在 G41 方式中，不要再指定 G42 方式，否则补偿出错；同样，在 G42 方式中，不要再指定 G41 方式。当补偿取负值时，G41 和 G42 互相转化。

（4）G41 和 G42 之后的程序段，不能出现连续两个或两个以上的不移动指令，否则 G41 和 G42 会失效。

2. 圆弧车刀刀具切削沿位置的确定

采用刀尖圆弧半径补偿进行加工时，如果刀具的刀尖形状和切削时所处的位置（即刀具切削沿位置）不同，那么刀具的补偿量与补偿方向也不同。根据各种刀尖形状与刀尖位置的不同，数控车刀的刀具切削沿位置共分为 9 种，如图 2-84 所示。

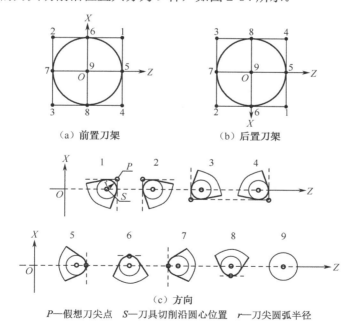

（a）前置刀架　　　　　　　（b）后置刀架

（c）方向

P—假想刀尖点　S—刀具切削沿圆心位置　r—刀尖圆弧半径

图 2-84　刀具切削沿位置

除 9 号刀具切削沿外，数控车床对刀均是以假想刀位点来进行的。也就是说，刀具偏置存储器中或 G54 坐标系设定的值是通过假想刀尖点进行对刀后得到的机床坐标系中的绝对坐标值，如图 2-84（c）中的 P 点。

注意： 刀尖圆弧半径补偿的过程分为三步：刀补的建立、刀补的进行和刀补的取消。刀补建立时，其过程是车刀圆弧刃的圆心从与编程轨迹重合到与编程轨迹偏离一个偏置时的过程。在进入补偿模式后，车刀以刃的圆心与编程轨迹始终相距一个偏置量，直至取消刀补。当刀具离开工件后，车刀圆弧刃的圆心过渡到与编程轨迹重合。

3. 程序编制（见表 2-28）

表 2-28　刀尖圆弧半径补偿加工参考程序

程序	说明
O2010;	主程序名
G99G21G18;	程序初始化
G28U0.W0.;	回参考点
T0101M03S600;	
G00X34.Z2.;	定位至循环起点
G71U1.R0.3;	
G71P30Q80U0.5W0.F0.15;	
N30G42G00X0.S1000;	
G01Z0.;	
G03X16.Z-3.066R12.;	G71 粗车外轮廓
G01Z-14.;	
X31.;	
Z-70.;	
N80G01X34.;	
G70P30Q80;	精车外圆轮廓
G00X32.Z-14.;	刀具定位
G73U6.W0R6.;	
G73P100Q150U0.5W0.F0.15;	
N100G42G01X22.Z-14.F0.1;	
G03X21.05Z-42.44R26.;	加工圆弧与内凹轮廓
G02X22.Z-52.R8.;	
G01X30.Z-54.;	
N150G40G01X32.;	
G00Z-57.;	
G01 X28.Z-60.;	
X30.Z-63.;	
X32.;	
G28U0.W0.;	

续表

程序	说明
T0202S400;	换 2 号刀
G00X32.Z-69.;	
G01X0.F0.1;	切断
G28U0.W0.;	
M05;	
M30;	

项目 10 　 切 槽 加 工

学习目标

◇ 在数控车床上完成如图 2-85 所示的零件的编程与加工。

◇ 掌握外圆槽加工指令 G75 的编程方法。

◇ 掌握端面槽加工指令 G74 的编程方法。

◇ 掌握切槽加工工艺。

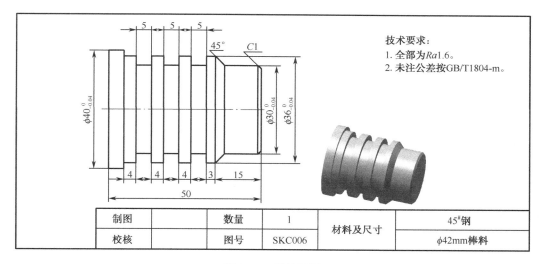

图 2-85 　 零件图样

任务 1 　 工艺分析

1. 零件图识读

该零件由外圆、沟槽（三个槽）和一个小斜面（45°）等组成，形状结构简单，主要目的是掌握在工件上切槽和切断的方法。所要加工尺寸有三个相同的槽（槽宽 5mm，深 3mm），外圆尺寸要求较高（$\phi30mm$、$\phi36mm$、$\phi40mm$ 为 $^{0}_{-0.04}$），其他尺寸加工精度按 GB/T1804-m，加工表面粗糙度值为 $Ra1.6\mu m$。

2. 工件装夹与坐标原点选择

零件采用三爪自定心卡盘直接装夹 $\phi42mm$ 的毛坯表面，保证伸出长度大于 55mm，坐标原点选在右端面与工件轴线交点上，如图 2-86 所示。

3. 刀具与加工参数选用

根据加工内容，选择 55° 和 35° 机夹外圆车刀，并装夹在 1、2 号刀位上，同时选择刀头宽为 3mm 切槽（断）刀安装在 3 号刀位上，如图 2-87 所示。加工时采用固定点换刀方式，换刀点坐标为（100，100）。其工艺过程和加工参数见表 2-29。

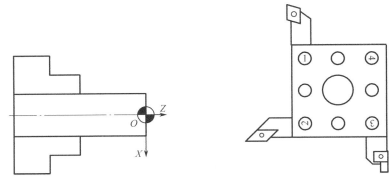

图 2-86 工件装夹与坐标原点的选择　　　图 2-87 加工所需主要刀具

表 2-29 工艺过程和加工参数

工步内容	刀具号	主轴转速 $n/$（r/min）	进给量 $f/$（mm/r）	背吃刀量 $a_p/$（mm）	备注
车右端面	T0101	600	0.05	0.5	手动或 MDI 方式
G71 车外轮廓	T0101	600	0.1～0.2		自动
G70 车外轮廓	T0202	1000	0.08		自动
切槽	T0303	400	0.08	3	自动
切断	T0303	400	0.1	3	自动

任务 2　程序编制

1. 编程指令

1）G01

采用 G01 指令进行切槽时，对于窄槽，可用刀头宽等于槽宽的切槽刀一次进给切出；对于宽槽，则需采用多次进给，并在两侧留出一定的精加工余量，然后根据槽底、槽宽尺寸进行精加工，如图 2-88 所示。

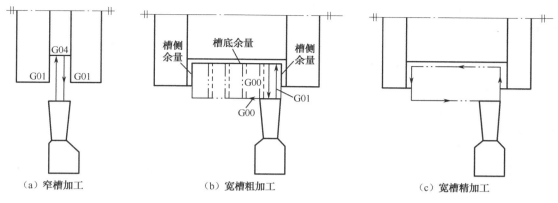

（a）窄槽加工　　　　　　（b）宽槽粗加工　　　　　　（c）宽槽精加工

图 2-88　切槽加工

为保证槽底光整，编程时，还需采用暂停指令 G04 在刀具切至槽底时停留一定时间。
G04 指令格式为：

> G04 X-；或 G04U-；或 G04P-；

X、U 为暂停时间，可用带小数点的数，单位为 s；P 也为暂停时间，是不带小数点的数，单位为 ms。

2）径向切槽循环 G75

G75 用于内、外径断续切削，其走刀路线如图 2-89 所示。切削时，刀具从循环起点（A 点）开始，沿径向进刀 Δi 并到达 C 点，再退刀 e（断屑）并到达 D 点，再按循环递进切削至径向终点 X 坐标处，然后退到径向起刀点，完成一次切削循环，再沿轴向偏移 Δk 至 F 点，进行第二次切削循环。依次循环直至刀具切削至程序终点坐标处（B 点），径向退刀至起刀点（G 点），再轴向退刀至起刀点（A 点）完成整个切槽循环动作。

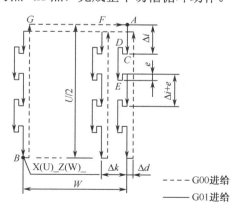

图 2-89　径向切槽循环刀具进给路线

指令书写格式为：

> G75R（e）
>
> G75X（U）-Z（W）-P（Δi）Q（Δk）R（Δd）F-；

e 为退刀量，其值为模态值；X（U）、Z（W）为切槽终点处坐标；Δi 为 X 方向的每次切深量，用不带符号的半径量表示；为刀具完成一次径向切削后，Δk 为 Z 方向的偏移量，用不带符号的值表示；Δd 为刀具在切削底部的 Z 向退刀量，无要求时可省略；F 为径向切削时的进给速度。

G75 程序段中的 Z（W）值可省略或设定为 0，当 Z（W）值设置为 0 时，循环执行时刀具仅做 X 向进给而不做 Z 向偏移。

注意： 对于程序段中的 Δi、Δk 值，在 FANUC 系统中，不能输入小数点，而直接输入最小编程单位，如 P1500 表示径向每次切深量为 1.5mm。另外，最后一次切深量和最后一次 Z 向偏移量均由系统自行计算。

3）端面切槽循环 G74

G74 切槽时的刀具进给路线如图 2-90 所示。它与 G75 循环轨迹相类似，不同之处是刀具从循环起点 A 出发，先轴向切深，再径向平移，依次循环直至完成全部动作。

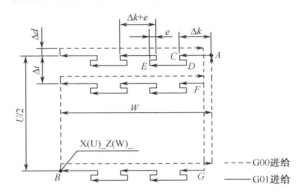

图 2-90　G74 端面切槽循环刀具进给路线

指令书写格式为：

```
G74R（e）
G74X（U）-Z（W）-P（Δi）Q（Δk）R（Δd）F-;
```

Δi 为刀具完成一次轴向切削后，在 X 方向的每次切深量，该值用不带符号的半径量表示；Δk 为 Z 方向的切深量，用不带符号的值表示；其余参数与 G75 相同。

G74 循环指令中的 X（U）值可省略或设定为 0，当 X（U）设置为 0 时，在 G74 循环执行过程中，刀具仅做 Z 向进给而不做 X 向偏移，这时，该指令可用于端面啄式深孔钻的钻削循环。当 G74 指令用于端面啄式深孔钻钻削循环时，装夹在刀架（尾座无效）上的刀具一定在精确到工件的旋转中心。

2. 程序编制

切槽加工参考程序见表 2-30。

表 2-30　切槽加工参考程序

程序	说明
O2011；	主程序名
G00X100.Z100.；	

续表

程序	说明
T0101M03S600；	
G00X44.Z2.；	至循环起刀点
G71U2.R1.；	
G71P10Z25U0.5W0.1F0.2；	
N10G00X24.；	
G01X30.Z-1.F0.1；	
Z-12.；	
X36.Z-15.；	G71 循环粗车
Z-39.；	
X40.；	
Z-55.；	
N25G01X42.；	
G00X100.Z100.；	
T0202S1000；	换 2 号刀
G00X44.Z2.F0.08；	
G70P10Q25；	G70 循环精车轮廓尺寸
G00X100.Z100.；	
T0303S400；	换 3 号刀
G00X44.Z-21.；	
G75R0.3；	切第一个槽
G75X30.Z-23.P1500Q2000F0.08；	
G00Z-30.；	定位至第二个槽加工的循环起点
G75R0.3；	切第二个槽
G75X30.Z-32.P1500Q2000F0.08；	
G00Z-39.；	定位至第三个槽加工的循环起点
G75R0.3；	切第三个槽
G75X30.Z-41.P1500Q2000F0.08；	
G00Z-53.；	
G01X0.；	切断
G00X100.Z100.；	
M05；	主轴停
M30；	主程序结束并返回

项目 11　G32 加工螺纹

学习目标

◇ 在数控车床上完成如图 2-91 所示的零件的编程与加工。

◇ 掌握单行程螺纹切削指令 G32 的编程格式。

◇ 掌握数控车床上加工螺纹的程序编制。

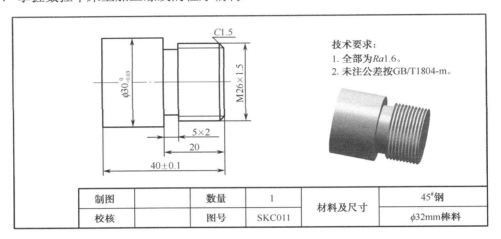

图 2-91　零件图样

任务1　工艺分析

1. 零件图识读

该零件加工表面包含外圆柱面、沟槽、外三角形螺纹等，其外圆尺寸加工精度要求较高（为 $_{-0.03}^{0}$），加工相对简单；该零件外圆加工表面粗糙度值为 $Ra1.6\mu m$。

2. 工件装夹与坐标原点选择

零件采用三爪自定心卡盘直接装夹 $\phi32mm$ 的毛坯表面，保证伸出长度大于 45mm，坐标原点选在右端面与工件轴线交点上，如图 2-92 所示。

3. 刀具与加工参数选用

根据加工内容，选择 93°机夹外圆车刀、切槽刀（刀宽 5mm）和 60°螺纹车刀，并装夹在 1、2、3 号刀位上，如图 2-93 所示。加工时采用固定点换刀方式，换刀点坐标为（100，100）。其工艺过程和加工参数见表 2-31。

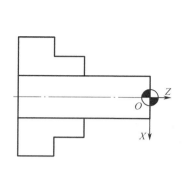

图 2-92　工件装夹与坐标原点的选择

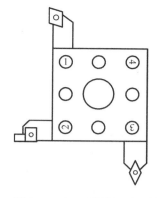

图 2-93　加工所需主要刀具

表 2-31　工艺过程和加工参数

工步内容	刀具号	主轴转速 $n/$（r/min）	进给量 $f/$（mm/r）	背吃刀量 $a_p/$（mm）	备注
车端面	T0101	800	0.1	0.5	手动或 MDI 方式
车外形轮廓	T0101	800	0.15		余量小，一次走刀完成
切槽	T0202	400	0.1	5	
车螺纹	T0303	400	1.5		

任务 2　程序编制

1. 编程指令

单行程螺纹切削指令 G32 可以切削直螺纹、锥螺纹和端面螺纹。

1）走刀路径

（1）直螺纹切削路径。如图 2-94 所示，直螺纹的切削循环分为四个步骤：进刀（AB）→切削（BC）→退刀（CD）→返回（DA）。这四个步骤均需编入程序。

（2）锥螺纹切削路径。如图 2-95 所示，锥螺纹的切削循环也分四个步骤。

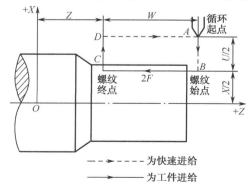

- - - - →为快速进给
———→为工件进给

图 2-94　直螺纹切削走刀路径

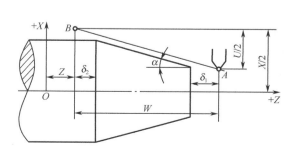

图 2-95　锥螺纹切削走刀路径

指令书写格式为：

G32 X（U）-Z（W）-F-；

直螺纹切削时，刀具的运动轨迹是一条直线，所以 X（U）为 0，故而在格式中不必写出，即

G32 Z（W）-F-；

X（U）、Z（W）为螺纹终点坐标，F 是螺纹导程。特别需要说明的是：在数控车床上车削螺纹时，沿螺距方向进给应与车床主轴的旋转保持严格的速比关系，因此应避免在进给机构加速或减速过程中切削。为此，要有引入距离（升速进刀段）δ_1 和超越距离（降速退刀段）δ_2，如图 2-96 所示。δ_1 和 δ_2 的数值与车床拖动系统的动态特性有关，与螺纹的螺距和螺纹的精度有关。一般，δ_1 为 2～5mm，对大螺距和高精度的螺纹取大值；δ_2 般取 δ_1 的 1/4 左右。在螺纹收尾处没有退刀槽时，收尾处的形状与数控系统有关，一般按 45°退刀收尾。

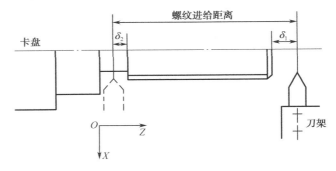

图 2-96　车削螺纹时引入距离

2. 零件的编程

G32 加工螺纹参考程序见表 2-32。

表 2-32　G32 加工螺纹参考程序

程序	说明
O2012；	主程序名
G99 T0101 M03 S800；	用 G 指令建立工件坐标系，主轴以 800r/min 正转
G00 X32. Z0.；	快速定位起刀点（准备车端面）
G01 X0. F0.1；	车端面
Z2.；	退刀（离开端面）
G00 X27.；	至外圆起刀点位置
G01Z-20.F0.15；	粗车ϕ26 外圆（螺纹大径）
X32.；	X 向退刀
G00Z2.；	至起刀点
X19.；	至倒角延长线处
G01X26.Z-1.5F0.1；	倒角 C1.5
Z-20.；	精车ϕ26 外圆（螺纹大径）

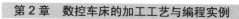

续表

程序	说明
X30.;	X 向退刀
Z-40.;	精车 ϕ30 外圆
X32.;	X 向退刀
G00X100.Z100.;	至换刀点
T0202S400;	换 2 号刀，主轴以 400r/min 转动
G00X32.Z-20.;	
G01X22.F0.1;	切槽
X32.;	
G00X100.Z100.;	
T0303;	
G00X28.Z2.;	
X25.5;	
G32 Z-18.F1.5;	第一次车螺纹
G01X28.;	
G00Z2.;	
X25;	第二次车螺纹
G32 Z-18.F1.5;	
G01X28.;	
G00Z2.;	
X24.5;	
G32 Z-18.F1.5;	第三次车螺纹
G01X28.;	
G00Z2.;	
X24.38;	
G32 Z-18.F1.5;	第四次车螺纹
G01X28.;	
G00 X100. Z100.;	至换刀点位置
M05;	主轴停
M30;	主程序结束并返回

3. 加工质量分析

螺纹加工质量分析见表 2-33。

表 2-33 螺纹加工质量分析

问题现象		产生原因	预防方法
切削过程出现振动		1. 工件装夹不正确 2. 刀具安装不正确 3. 切削参数不正确	1. 检查工件安装，增加安装刚性 2. 调整刀具安装位置 3. 提高或降低切削速度
螺纹牙口呈刀口状		1. 刀具角度选择错误 2. 螺纹外径尺寸过大 3. 螺纹切削过深	1. 选择正确的刀具 2. 检查并选择合适的工件外径尺寸 3. 减小螺纹切削深度
螺纹牙顶过平		1. 刀具中心错误 2. 螺纹切削深度不够 3. 刀具刀尖角过小 4. 螺纹大径尺寸过小	1. 选择合适的刀具并调整刀具中心高度 2. 计算并增加切削深度 3. 检查并选择正确的刀尖角 4. 检查并选择合适的工件大径尺寸
螺纹牙型底部圆弧过大		1. 刀具选择错误 2. 刀具磨损严重	1. 选择正确的刀具 2. 重新刃磨或更换刀片
螺纹牙型底部过宽		1. 刀具选择错误 2. 刀具磨损严重 3. 螺纹有乱牙现象	1. 选择正确的刀具 2. 重新刃磨或更换刀片 3. 检查加工程序中有无导致乱牙的原因
螺纹牙型半角不正确		刀具安装角度不正确	调整刀具安装角度
螺纹表面质量差		1. 切削速度过低 2. 刀具中心过高 3. 切削控制较差 4. 刀尖产生积屑瘤 5. 切削液选用不合理	1. 调高主轴转速 2. 调整刀具中心高度 3. 选择合理的进刀方式及切深 4. 选择合适的切削进给方式 5. 选择合适的切削液并充分喷注
螺距误差		1. 伺服系统滞后效应 2. 加工程序不正确	1. 增加螺纹升降段的长度 2. 检查修改加工程序

项目 12　G92 加工螺纹

学习目标

◇ 在数控车床上完成如图 2-97 所示的零件的编程与加工。

◇ 掌握螺纹切削单一固定循环指令 G92 的编程格式。

◇ 掌握螺纹固定循环切削指令中 R 值大小与正负的确定。

◇ 掌握数控车床上加工螺纹的程序编制。

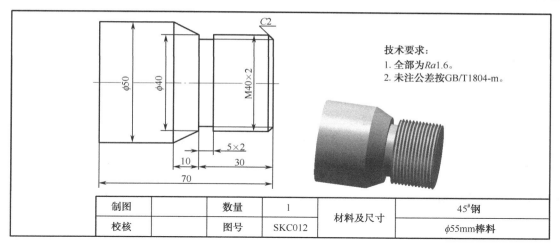

制图		数量	1	材料及尺寸	45#钢
校核		图号	SKC012		φ55mm棒料

图 2-97　零件图样

任务 1　工艺分析

1. 零件图识读

该零件加工表面包含外圆柱面、沟槽、锥面、外三角形螺纹等，其外圆尺寸加工精度要求不高；该零件外圆加工表面粗糙度值为 $Ra1.6\mu m$。

2. 工件装夹与坐标原点选择

零件采用三爪自定心卡盘直接装夹 φ55mm 的毛坯表面，保证伸出长度大于 75mm，坐标原点选在右端面与工件轴线交点上，如图 2-98 所示。

3. 刀具与加工参数选用

根据加工内容，选择 93° 机夹外圆车刀，切槽刀（刀宽 5mm）和 60° 螺纹车刀，并装夹在 1、2、3 号刀位上，如图 2-99 所示。加工时采用固定点换刀方式，换刀点坐标为（100，100）。其工艺过程和加工参数见表 2-34。

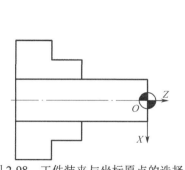

图 2-98　工件装夹与坐标原点的选择

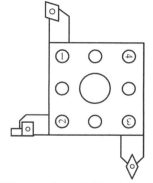

图 2-99　加工所需主要刀具

表 2-34　工艺过程和加工参数

工步内容	刀具号	主轴转速 $n/$（r/min）	进给量 $f/$（mm/r）	背吃刀量 $a_p/$（mm）	备注
车端面	T0101	800	0.1	0.5	手动或 MDI 方式
车外形轮廓	T0101	800	0.15		自动
切槽	T0202	400	0.1	5	自动
车螺纹	T0303	400	2		自动

任务 2　程序编制

1. 编程指令

螺纹切削单次循环指令 G92 可以切削直螺纹和锥螺纹。

1）走刀路径

（1）直螺纹切削路径。如图 2-100 所示，直螺纹的切削循环按进刀（AB）→切削（BC）→退刀（CD）→返回（DA）四个步骤矩形循环。

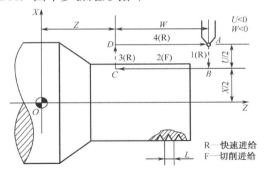

图 2-100　直螺纹切削走刀路径

（2）锥螺纹切削路径。如图 2-101 所示，锥螺纹的切削循环也分四个步骤。按进刀（AB）→切削（BC）→退刀（CD）→返回（DA）梯形循环。

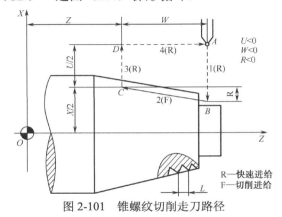

图 2-101　锥螺纹切削走刀路径

2）指令格式

指令书写格式为：

　　　直螺纹　　G92 X（U）-Z（W）-F-；

　　　锥螺纹　　G92 X（U）-Z（W）-R-F-；

3）功能参数说明

X、Z 为绝对编程时，有效螺纹终点在工件坐标系中的坐标；U、W 是增量编程时，有效螺纹终点相对于螺纹切削起点的增量坐标。F 是螺纹导程。R 是锥螺纹起点与有效螺纹终点的半径之差。

2. 圆锥螺纹 R 值的计算

对于圆锥螺纹中的 R 值，在编程时除了要注意有正、负之分外，还需要根据不同长度来计算确定 R 值的大小。

1）R 值的正、负的确定

在数控车床上车圆锥螺纹时，可分为车正锥螺纹和车倒锥螺纹两种情况。在车削正锥螺纹时，由于锥螺纹起点尺寸小于锥螺纹终点尺寸，因此，锥螺纹起点与有效螺纹终点的半径之差为负值，也就是 R 值为负值；而在车削倒锥螺纹时，锥螺纹起点尺寸大于锥螺纹终点尺寸，因此，锥螺纹起点与有效螺纹终点的半径之差为正值，也就是 R 值为正值。

2）R 值大小的确定

R 值大小应根据不同长度来计算确定。如图 2-102 所示，由于螺纹切削时有升速进刀段和降速退刀段，因此用于确定 R 值的长度为：$30+\delta_1+\delta_2$，其 R 值的大小应按该长度来计算，以保证螺纹锥度的正确性。

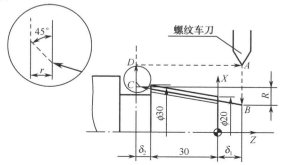

图 2-102　确定 R 值大小的长度

确定圆锥螺纹升速进刀段 δ_1 和降速退刀段 δ_2 分别为 3mm 和 6mm，从图中得知，圆锥螺纹大端直径为 30mm，小端直径为 20mm。锥度长为 30mm，根据公式 $C=(D-d)/L$ 计算得：$C=(30-20)/L=1：3$。

因此就有：

(30-B 点 X 坐标值)/(30+3)=1：3

和(C 点 X 坐标值-20)/(30+6)=1：3

所以，升速进刀段起点 B 的值为：{[(30+3)×3]]-(30×3)}/3=19mm；降速退刀段 C 点的值为[(30+6)+(20×3)]/3=32mm。

故 R 值大小为：(19-32)/2=-6.5。

设定圆锥螺纹螺距 P=2mm，螺纹分四次走刀车出，则编程如下：

```
......
G00X31.Z3.;
G92X28.9Z-36.F2.R-6.5;
     X28.4;
     X28.15;
     X28.05;
......
```

注意：在执行 G92 循环时，在螺纹切削的退尾处，刀具沿接近 45°的方向斜向退刀，Z 向退刀 r=（0.1~12.7）P，如图 2-102 所示，该值由数控系统参数设定。另外，当 Z 轴移动量没有变化时，只需对 X 轴指定其移动指令即可重复执行固定循环动作。

3. 零件的编程

G92 加工螺纹参考程序见表 2-35。

表 2-35　G92 加工螺纹参考程序

程序	说明
O2013;	主程序名
G99 T0101 M03 S800;	用 G 指令建立工件坐标系，主轴以 800r/min 正转
G00 X57. Z0.;	快速定位起刀点（准备车端面）
G01 X0..F0.1;	车端面
Z2.;	Z 向退刀
G00X57.;	X 向退刀（至循环起点）
G71U1.R0.2;	
G71P15Q60U0.5W0.1F0.2;	
N15G00X32.;	
G01X40.Z-2.F0.1;	
Z-30.;	G71 粗车外形轮廓
X50.Z-40.;	
Z-70.;	
N60G01X57.;	
G00Z2.;	
G00X100.Z100.;	
T0202S400;	换 2 号刀，主轴以 400r/min 转动
G00X42.Z-30.;	
G01X36.F0.1;	切槽
X42.;	
G00X100.Z100.;	
T0303;	换 3 号刀

续表

程序	说明
G00X43.Z2.;	
G92X39.5Z-28.F2.;	
X39.;	
X38.5;	
X38.;	车螺纹
X37.9;	
X37.835;	
G00 X100. Z100.;	至换刀点位置
M05;	主轴停
M30;	主程序结束并返回

项目 13   G76 加工螺纹

学习目标

◇ 在数控车床上完成如图 2-103 所示的零件的编程与加工。

◇ 掌握螺纹切削复合固定循环指令 G76 的编程方法。

◇ 掌握 Z 向偏移量的确定。

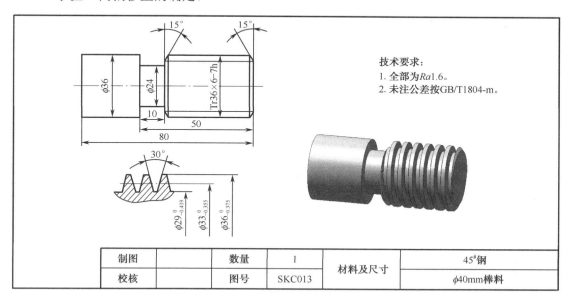

图 2-103   零件图样

任务 1　工艺分析

1. 零件图识读

该零件加工表面包含外圆柱面、沟槽、梯形形螺纹等，其外圆尺寸加工精度要求不高；该零件外圆加工表面粗糙度值为 $Ra1.6\mu m$。

2. 工件装夹与坐标原点选择

零件采用三爪自定心卡盘直接装夹 $\phi40mm$ 的毛坯表面，保证伸出长度大于 85mm，螺纹车削时，为保证车削安全，可采用后顶尖支撑，即一夹一顶装夹方式。坐标原点选在右端面与工件轴线交点上，如图 2-104 所示。

3. 刀具与加工参数选用

根据加工内容，选择 93° 机夹外圆车刀、切槽刀（刀宽 5mm）和 30° 梯形螺纹车刀，并装夹在 1、2、3 号刀位上，如图 2-105 所示。加工时采用固定点换刀方式，换刀点坐标为（100，100）。其工艺过程和加工参数见表 2-36。

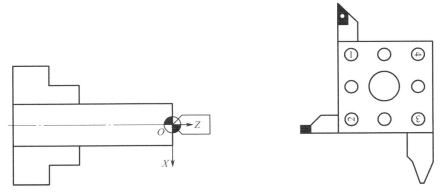

图 2-104　工件装夹与坐标原点的选择　　　图 2-105　加工所需主要刀具

表 2-36　工艺过程和加工参数

工步内容	刀具号	主轴转速 $n/$（r/min）	进给量 $f/$（mm/r）	背吃刀量 $a_p/$（mm）	备注
车端面	T0101	800	0.1	0.5	手动或 MDI 方式
车外形轮廓	T0101	1000	0.15		自动
切槽	T0202	400	0.1	5	自动
车螺纹	T0303	400	6		

任务 2　程序编制

1. 编程指令

螺纹切削复合固定循环 G76 指令用于多次自动循环切削螺纹，它只需一段指令程序就可完成螺纹的切削循环加工。螺纹切削复合循环的走刀路径与进刀方式如图 2-106 所示。

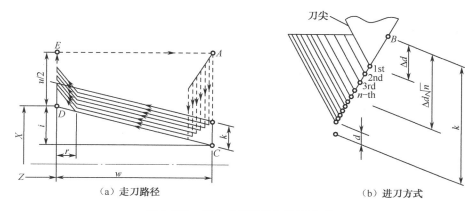

（a）走刀路径　　　　　　　　　（b）进刀方式

图 2-106　G76 走刀路径与进刀方式

G76 为斜进式切削方法。由于为单侧刃加工，刀具刃口容易磨损，使加工的螺纹面不直，刀尖角发生变化，而造成牙型精度差。但其加工时产生的切削抗力小，刀具负载也小，排屑容易，并且切削深度为递减式，因此此加工方法一般适用于大螺距螺纹的切削。

指令书写格式为：

G76 P（m）（r）（α） Q（Δd_{min}） R（d）；
G76 X（U）-Z（W）-R（i）P（k）Q（Δd）F（f）；

m 是精加工最终重复次数，从 1～99 中选择，该值是模态的，在下一次被指定前一直有效，也可以用参数设定。r 为螺纹尾端倒角量，该值的大小是螺纹导程 F 的 0.1～9.9 倍，以 0.1 为一挡逐步增加，设定时用 00～99 之间的 2 位数表示。α 是刀具刀尖角角度大小，可选择 80°、60°、55°、30°、29°、0° 六种，其角度值用 2 位数指定（m、r、α 可用地址一次指定，如 m=2，r=1.2P，α=60° 时可写为 P02 12 60；Δd_{min} 为最小切入时，d 为精加工余量。X、Z 为绝对编程时，有效螺纹终点在工件坐标系中的坐标；U、W 是增量编程时，有效螺纹终点相对于螺纹切削起点的增量。i 为螺纹部分半径差（i=0 时为直螺纹）。k 为螺纹牙型高度，用半径值指定 X 轴方向的距离。Δd 是第一次的切入量，用半径值指定。F 为螺纹导程。

注意：① G76 编程时的切削深度分配方式为递减式，其切削为单刃切削加工，因而切削深度由系统计算给出。并且在编程时，P、Q 的值不能用小数点编程。

② 在车削大螺距螺纹和梯形螺纹过程中，由于螺纹车刀刀尖宽度并不等于槽底宽，在经过一次 G76 切循环后，仍无法正确控制螺纹中径等各项尺寸。因此，为解决这一问题，可将刀具以 Z 向偏置，然后再进行 G76 循环加工，并最好只进行一次偏置加工。

2. 计算 Z 向刀具偏置值

在螺纹车削（尤其大螺距螺纹和梯形螺纹）实际加工过程中，由于螺纹车刀刀尖宽度并不等于槽底宽，在经过一次 G76 切循环后，仍无法正确控制螺纹中径等各项尺寸。因此，为解决这一问题，可将刀具以 Z 向偏置，然后再进行 G76 循环加工，并最好只进行一次偏置加工。

Z 向偏置量的计算方法如图 2-107 所示，其计算过程如下：

设 $M_{实测}-M_{理论}=2AO_1=\delta$，则 $AO_1=\delta/2$。

在平行四边形 O_1O_2CE 中，则有 $\triangle AO_1O_2 \cong \triangle BCE$，$AO_2=EB$；$\triangle CEF$ 为等腰三角形，则 $EF=2EB=2AO_2$。

$AO_2=AO_1 \times \tan(AO_1O_2)=\tan15° \times (\delta/2)$。得 Z 向偏置量 $EF=2AO_2=\delta \times \tan15° =0.268\delta$。

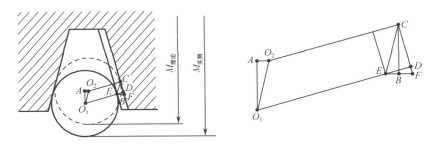

图 2-107　Z 向刀具偏置值的计算

实际加工时，在一次循环结束后，用三针法测量实测 M 值。计算出刀具 Z 向偏置量，然后在刀长补偿或磨耗存储器中设置 Z 向刀偏置量，如图 2-108 所示，再次用 G76 循环加工就能一次性精确控制中径等螺纹参数值。

工具补正／摩耗			O	N
番号	X	Z	R	T
W 01	0.000	0.000	0.000	0
W 02	0.000	0.000	0.000	0
W 03	0.000	0.000	0.000	0
W 04	0.000	0.000	0.000	0
W 05	0.000	0.000	0.000	0
W 06	0.000	0.000	0.000	0
W 07	0.000	0.000	0.000	0
W 08	0.000	0.000	0.000	0
现在位置	（相对坐标）			
U	0.000	W	0.000	
>_			S O	T
JOG	**** *** ***			

图 2-108　刀具偏置量设定界面

3. 零件的编程

G76 加工螺纹参考程序见表 2-37。

表 2-37　G76 加工螺纹参考程序

程序	说明
O2014；	主程序名
G99 T0101 M03 S800；	用 G 指令建立工件坐标系，主轴以 800r/min 正转
G00 X52. Z0.；	快速定位起刀点（准备车端面）
G01 X0.F0.1；	车端面
Z2.；	
G00X36.；	
G01Z-80.F0.1；	车外圆
X52.；	
G00X100.Z100.；	
T0202S400；	换 2 号刀，主轴以 400r/min 转动
G00X40.Z-45.；	
G75R0.3；	切槽
G75X15.Z-50.P1500Q5000F0.08；	
G00X100.Z100.；	
T0303；	换 3 号刀
G00X40.Z3.；	
G76 P011030 Q100 R200；	G76 车螺纹
G76 X29 Z-45. P3500 Q1000 F6.0；	
G00 X100. Z100.；	至换刀点位置
M05；	主轴停
M30；	主程序结束并返回

项目 14　宏程序加工椭圆面

学习目标

◇ 在数控车床上完成如图 2-109 所示的零件的编程与加工。

◇ 掌握宏程序基础知识。

◇ 学会使用宏程序编制程序。

◇ 掌握椭圆面的加工方法。

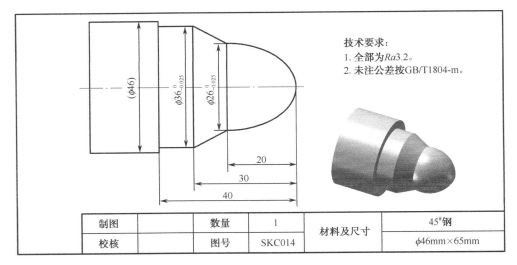

图 2-109　零件图样

任务 1　工艺分析

1. 零件图识读

该零件由外圆、锥面、特殊曲面（椭圆曲线）等组成，其外圆尺寸加工精度要求较高；该零件外圆加工表面粗糙度值为 $Ra3.2\mu m$。

2. 工件装夹与坐标原点选择

零件采用三爪自定心卡盘直接装夹 $\phi 46mm$ 的毛坯表面，保证伸出长度大于 45mm。其坐标原点选为零件右端面与轴线的交点，如图 2-110 所示。

3. 刀具与加工参数选用

根据加工内容，选择 93°和刀尖角为 35°的机夹车刀，并安装在 1、2 号刀位上，如图 2-111 所示。加工时采用固定点换刀方式，换刀点坐标为（100，100）。其工艺过程和加工参数见表 2-38。

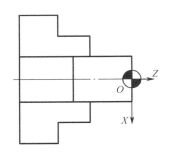

图 2-110　工件装夹与坐标原点的选择

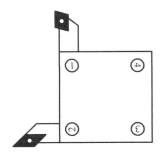

图 2-111　车刀的安装

表 2-38　工艺过程和加工参数

工步内容	刀具号	主轴转速 n/（r/min）	进给量 f/（mm/r）	背吃刀量 a_p/（mm）	备注
粗车外形表面	T0101	700	0.15		自动
精车外形表面	T0202	1000	0.05	5	自动

任务 2　程序编制

1. 宏程序基础

各种数控系统都为用户配备了强有力的类似于高级语言的宏程序功能，用户可以使用变量进行算术运算、逻辑运算和函数的混合运算。此外，宏程序还提供了循环语句、分支语句和子程序调用语句，用于编制各种复杂零件加工程序，减少了乃至免除了手工编程时进行烦琐的数值计算，以及精减程序量。

FANUC 数控系统的宏程序分为 A、B 两类。一般情况下，较老的系统，如 FANUC 0TD 中采用 A 类宏程序；而在较为先进的系统中，如 FANUC 0i 系统中则采用 B 类宏程序。

1）宏变量

FANUC 0i 数控系统宏变量见表 2-39。

表 2-39　FANUC 0i 数控系统宏变量

变量号	变量类型	功能说明
#0	空变量	该变量总是空，没有值能赋给该变量
#1～#33	局部变量	局部变量只能用在程序中存储数据（如运算结果）。当断电时，局部变量被初始化为空。调用宏程序时，自变量对局部变量赋值
#100～#199 #500～#999	公共变量	公共变量在不同的宏程序中通用。当断电时，变量#100～#199 初始化为空，变量#500～#999 的数据保存，即使断电也不丢失
#1000 以上	系统变量	系统变量用于读和写 CNC 运行时的各种数据，例如刀具的当前位置和补偿

局部变量和公共变量取值范围在 -10^{47}～10^{47} 之间，如果计算结果超出有效范围，则发出 P/S 报警 No.111。为在程序中使用变量值，将跟随在地址符后的数值用变量来代替的过程称为引用变量。

例如：当定义变量#100=30.0、#101=-50.0；#102=80 时，要表示程序段 G01 X30.0 Z-50.0 F80 时，即可引用变量表示为 G01X#100 Z#101 F#102。

变量也可用表达式指定，此时要把表达式放在括号里，如 G01X[#1+#2] F#3；变量被引用时，其值根据地址的最小单位自动舍入。当变量值未定义时，这样的变量成为空变量（如#2 未定义，用#2 =＜空＞表示）；当引用未定义的变量时，变量及地址字都被忽略。例如，当变量#1 = 0，#2 =＜空＞，即#2 的值是空时，G00X#1 Z#2 的执行结果为 G00 X0。变量#0 为总空变量，它不能写，只能读。

2）算术与逻辑运算

表 2-40 中列出的运算可以在变量中执行，运算符号右边的表达式可包含常量和（或）由函数或运算符组成的变量。表达式中的变量#j 和#K 可以用常数赋值。左边的变量也可以用表达式赋值。

表 2-40　算术与逻辑运算

功能	格式	备注
定义	#i =#j	
加法	#i =#j +#k	
减法	#i =#j -#k	
乘法	#i =#j *#k	
除法	#i =#j /#k	
正弦	#i = SIN[#j]	角度以度指定。90°30′表示为 90.5°
反正弦	#i=ASIN[#j]	
余弦	#i = COS[#j]	
反余弦	#i = ACOS[#j]	
正切	#i = TAN[#j]	
反正切	#i = ATAN[#j]/[#k]	
平方根	#i=SQRT[#j]	
绝对值	#i=ABS[#j]	
舍入	#i=ROUND[#j]	
上取整	#i=FIX[#j]	
下取整	#i=FUP[#j]	
自然对数	#i=LN[#j]	
指数函数	#i=EXP[#j]	
或	#i=#j　　OR#k	逻辑运算一位一位地按二进制数执行
异或	#i=#j　　XOR#k	
与	#i=#j　　AND#k	
从 BCD 转为 BIN	#i=BIN[#j]	用于与 PMC 的信号交换
从 BIN 转为 BCD	#i=BCD[#j]	

注：（1）三角函数中#j 的值超范围时，发出 P/S 报警 No.111，#i 的取值范围根据不同的机床设置参数有所不同。

（2）运算次序。运算符运算的先后次序为：函数→乘和除运算（*、/、AND、MOD）→加和减运算（+、−、OR、XOR）。

（3）括号嵌套。括号用于改变运算次序。括号可以使用 5 级，包括函数内部使用的括号。当超过 5 级时，出现 P/S 报警 No.118。

3）宏程序语句

宏程序语句也叫宏指令，它是指包含算术或逻辑运算（=）、控制语句（如 GO、TO、DO、END）、宏程序调用指令（如 G65、G67 或其他 G 代码、M 代码调用宏程序）的程序段。除了宏程序语句以外的任何程序段都为 NC 语句。

宏程序语句与 NC 语句不同，在单程序段运行方式时，根据参数不同，机床可能不停止。

在刀具半径补偿方式中，宏程序语句段不作为移动程序段处理。

在一般的加工程序中，程序按照程序段在存储器内的先后顺序依次执行，使用转移和循环语句可以改变、控制程序的执行顺序。有三种转移和循环操作可供使用。

（1）GOTO 语句。GOTO 语句也称无条件转移，其格式为：

GOTO *n*；　*n* 为程序段顺序号（1～99999）。

它的作用是转移到标有顺序号 *n* 的程序段。当指定 1～99999 以外的顺序号时，出现 P/S 报警 No.128。顺序号也可用表达式指定。

（2）IF 语句。IF 语句也称条件转移，其格式如下。

格式一：IF[（条件表达式）]　GOTO *n*

它的作用是，如果指定的条件表达式满足，则转移到标有顺序号 *n* 的程序段。如果指定条件表达不满足，则执行下一个程序段。

例如：

N2 G00 X10. 0

…

I F [#1 GT 10] GOTO2；　（若变量#1 的值大于 10，则转移到顺序号 N2 的程序段）

N XXX …　　　（若变量#1 的值不大于 10，则转移到顺序号 NXXX 的程序段）

格式二：IF[（条件表达式）]　THEN

它的作用是，如果条件表达式成立，则执行 THEN 后的宏程序语句，且只执行一个宏程序语句。

例如：

I F [#1 EQ1#2] THEN #3=0；　（如果#1 和#2 的值相同，0 赋给#3）

上述条件表达式中必须包括运算符且用括号 "[ ]" 封闭。

条件表达式中的变量可以用表达式替代。未定义的变量，在使用 EQ 或 NE 的条件表达式中，<空>和零有不同的效果，在其他形式条件表达式中，<空>被作为零。

（3）WHILE 语句。WHILE 语句也叫循环语句。其格式为：

WHILE [条件表达式]　DO *m*；（*m*=1、2、3）

…

END *m*；

说明：*m* 为标号，标明嵌套的层次，即 WHILE 语句最多可嵌套 3 层。若用 1、2、3 以外的值，则会产生 P/S 报警 No.126。

作用：当指定的条件满足时，则执行 WHILE 从 DO 到 END 之间的程序，否则转到 END 后的程序段。

4）宏程序调用

调用宏程序语句的子程序称为宏程序的调用。调用宏程序的方法一般有非模态调用（G65）、模态调用（G66、G67）、用 G 代码、M 代码等。

（1）G65 非模态调用。其格式为：

G65　P XXXX　L XXXX　自变量地址

P 指定用户宏程序的程序号，地址 L 指定 1～9999 的重复次数。省略 L 值时，认为 L 等于 1。

G65 调用用户宏程序时，自变量地址指定的数据能传递到用户宏程序体中，被赋值到相应的局部变量。自变量地址与变量号的对应关系见表 2-41。不需要指定的地址可以省略，对于省略地址的局部变量设为空。地址不需要按字母顺序指定，但应符合字地址的格式。但是，I、J 和 K 需要按字母顺序指定。

表 2-41　自变量地址与变量号的对应关系

地址	变量号	地址	变量号	地址	变量号
A	#1	I	#4	T	#20
B	#2	J	#5	U	#21
C	#3	K	#6	V	#22
D	#7	M	#13	W	#23
E	#8	Q	#17	X	#24
F	#9	R	#18	Y	#25
H	#11	S	#19	Z	#26

注意：G65 宏程序调用和 M98 子程序调用是有差别的。G65 可指定自变量，而 M98 没有此功能；当 M98 程序段包含另一个 NC 指令时，在执行之后调用子程序。相反，G65 无条件地调用宏程序，在单程序段方式下，机床停止；G65 改变局部变量的级别，M98 不能改变局部变量级别。

（2）G66 模态调用。指定 G66 后，在每个沿轴移动的程序段后调用宏程序。G67 取消模态调用。其格式为：

　　G66　PXXXX　LXXXX　自变量地址

P 指定模态调用的程序号，地址 L 指定从 1 到 9999 的重复次数。省略 L 为 1。与 G65 非模态调用相同，自变量指定的数据传递到宏程序体中。指定 G67 代码时，其后面的程序不再执行模态宏程序调用。注意，在 G66 程序段中，不能调用多个宏程序。

（3）用 G 代码调用宏程序。FANUC 0i 系统允许用户自定义 G 代码，它是通过设置参数（No.6050～No.6059）中相应的 G 代码（1～9999）来调用对应的用户宏程序（O9010～O9019）实现的，调用户宏程序的方法与 G65 相同。参数号与程序号之间的对应关系见表 2-42。

表 2-42　参数号与程序号之间的对应关系

程序号	参数号	程序号	参数号
O 9010	6050	O 9015	6055
O 9011	6051	O 9016	6056
O 9012	6052	O 9017	6057
O 9013	6053	O 9018	6058
O 9014	6054	O 9019	6059

注意：修改上述参数时，应先在 MDI 方式下修改参数写入属性为"1"，如果参数写入属性为"0"，则无法修改#6050 参数。

2. 椭圆的加工方法

1）椭圆方程推导

用标准方程车削椭圆，通常是加工椭圆 X 正方向部分，设 Z 为自变量，通过方程把 X 表达出来，最多就是车削到 180°椭圆，然后 G01 插补拟合成椭圆。

通过椭圆标准方程 $\dfrac{Z^2}{a^2}+\dfrac{X^2}{b^2}=1$，可推导出 X 的表达式为：

$$X^2 = \frac{b^2}{a^2}(a^2 - Z^2)$$

$$X = \frac{b}{a}\text{SQRT}[a^2 - Z^2]$$

转换为数控格式如下：

$$X = \frac{2b}{a}\text{SQRT}[a^2 - Z^2]$$

式中，a——椭圆长半轴；

$2b$——椭圆短半轴（直径编程）常数表示。

当 Z 为自变量#1 时，则 X 为因变量#2，根据上述公式则有：

$$\#2 = \frac{2b}{a}\text{SQRT}[a*a - \#1*\#1]$$

2）椭圆加工路径

椭圆精加工是将椭圆分割成若干等份，每等份用直线或圆弧插补逼近曲线，每等份直线长度（步距）一般为 0.05～0.2mm。粗加工时，由于椭圆各部分的余量不等，需采用相应的方法去除，见表 2-43。

表 2-43　椭圆粗车方法

加工方法	说明	图示
车圆锥法	与车凸圆弧表面加工路径相同，路径较短，但坐标计算困难	
放大法	将椭圆长轴半径、短轴半径放大作为每次粗车路径，一层层车削。编程简单，加工时空刀路线长	

加工方法	说明	图示
偏移法	将椭圆沿+X 方向移动一定距离作为粗车路径，其加工时空刀路线短，但加工余量不均匀	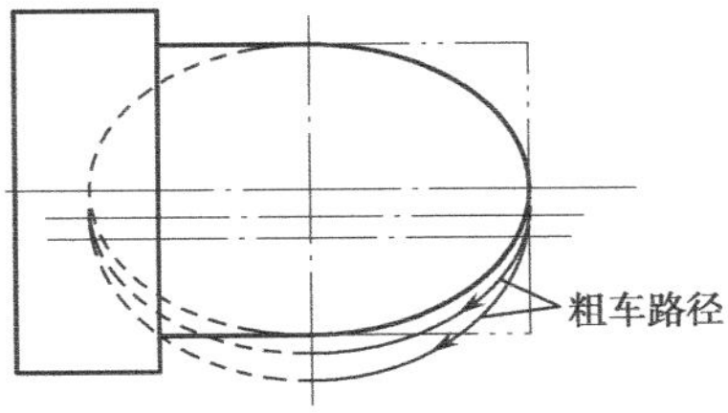 粗车路径

3. 零件的编程

宏程序加工参考程序见表 2-44。

表 2-44　宏程序加工参考程序

程序	说明
O2015;	主程序名
G99G40T0101M03S700;	用 G 指令建立坐标系，取消圆弧半径补偿
G00X47.Z3.;	快速定位
G90X41.Z-40.F0.15;	粗车φ36 外圆
X37.;	
X32.Z-20.;	粗车φ26 外圆
X27.;	
X22.Z-10.;	粗车椭圆
X18.Z-5.;	
X12.Z-3.;	
X8.Z-1.5;	
G00X47.Z-20.;	
G90X42.Z-30.R-5.;	粗车锥面
X37.Z-30. R-5.;	
G00X100.Z100.;	退刀
T0202S1000;	换 2 号刀
G00X0.Z0. F0.05;	快速定位
#1=20;	给变量赋值
WHILE[#1GE 0] DO1;	条件判断语句
#2=26/20*SQRT[20*20-#1*#1];	椭圆表达式
G01X[#2]Z[#1]F0.05;	椭圆插补
#1=#1-0.1;	插补运算
END1;	插补结束
G01X36.Z-30.;	精车锥面

续表

程序	说明
Z-40.;	精车 ϕ36 外圆
X47.;	X 向退刀
G00 X100. Z100.;	至换刀点位置
M05;	主轴停
M30;	主程序结束并返回

项目 15　综合零件的加工（一）

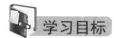

学习目标

◇ 在数控车床上完成如图 2-112 所示的零件的编程与加工。

◇ 掌握螺纹轴的基本加工方法。

◇ 比较 G32、G92、G76 三种指令编写的螺纹加工程序。

◇ 正确执行安全技术操作规程。

◇ 能按企业有关文明生产的规定，做到工作场地整洁，工件、工具、量具摆放整齐。

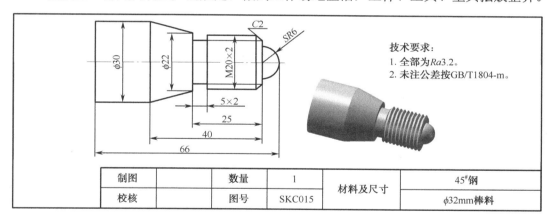

技术要求:
1. 全部为 Ra3.2。
2. 未注公差按GB/T1804-m。

制图		数量	1	材料及尺寸	45#钢
校核		图号	SKC015		ϕ32mm棒料

图 2-112　零件图样

任务 1　工艺分析

1. 零件图识读

零件由外圆、端面、锥面、圆弧面与螺纹组成，结构不算复杂，其加工精度要求也不高。编程加工时，采用 G71 加工外形轮廓，用 G32、G92、G76 三种指令编写螺纹加工程序，并进行比较。

2. 工件装夹与坐标原点选择

零件装夹在三爪自定心卡盘上，保证伸出长度为 75mm 左右，并用划针盘找正。其坐标原点选为零件右端面与轴线的交点，如图 2-113 所示。

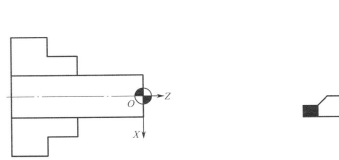

图 2-113　工件装夹与坐标原点的选择

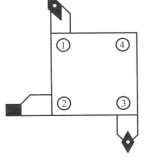

图 2-114　车刀的安装

3. 刀具与加工参数选用

根据加工内容刀具选择为 35°外圆精车刀、刀头宽为 5mm 的切槽刀和 60°螺纹车刀，并分别安装在 1 号、2 号、3 号刀位上，如图 2-114 所示。并采用固定点换刀方式，换刀点坐标为（80，100）。其工艺过程和加工参数见表 2-45。

表 2-45　工艺过程和加工参数

工步内容	刀具号	主轴转速 n/（r/min）	进给量 f/（mm/r）	背吃刀量 a_p/（mm）	备注
车右端面	T0101	700	0.05	0.5	手动或 MDI 方式
车外形轮廓	T0101	700	0.2		自动
切槽	T0202	450	0.1	5	自动
车螺纹	T0303	450	2		自动

任务 2　程序编制

零件采用 G32、G92、G76 三指令进行螺纹编程，要求比较三种指令编程特点与加工情况。加工程序见表 2-46、表 2-47、表 2-48。

表 2-46　综合零件一加工参考程序（G32 指令编制螺纹加工）

程序	说明
O2016;	程序名
G99T0101M03S800;	用 G 指令建立坐标系，主轴以 800r/min 正转
G00X34.Z2.;	

程序	说明
G94X0.Z0.F0.1；	车端面
G71U1.R0.5；	
G71P25Q80 U0.5W0.25F0.2；	
N25G00X0.；	
Z0.；	
G03X12.Z-6.R6.F0.1；	
G01X20.；	G71 循环粗车各轮廓
Z-31.；	
X22.；	
X30.Z-46.；	
Z-66.；	
N80G01X34.；	
G00X80.Z100.；	
T0202S100；	换 2 号刀
G00Z34.Z2.；	快速定位
G70P25Q80；	精车各轮廓
G00X80.Z100.；	
T0303S500；	换 3 号刀
G00X32.Z-31.；	
G01X16.F0.1；	切槽
X32.；	
G00Z80.Z100.；	
T0404；	换 4 号刀
G00X23.Z-4.；	
X19.；	
G32Z-29.F2.；	第一次车螺纹
G01X23.；	
G00Z-4.；	
X18.5；	
G32Z-29.F2.；	第二次车螺纹
G01X23.；	
G00Z-4.；	
X18.3；	
G32Z-29.F2.；	第三次车螺纹
G01X23.；	

程序	说明
G00Z-4.;	
X18.;	
G32Z-29.F2.;	第四次车螺纹
G01X23.;	
G00Z-4.;	
X17.835;	
G32Z-29.F2.;	第五次车螺纹
G01X23.;	
G00X80.Z100.;	
T0303;	换3号刀
G00X34.Z-71.;	
G01X0.F0.1;	切断
G00X80.Z100.;	
M05;	
M30;	

表2-47　综合零件一加工参考程序（G92指令编制螺纹加工）

程序	说明
O2017;	程序名
……	
G00X23.Z-4.;	快速定位
G92X19.Z-29.F2.;	
X18.5;	
X18.3;	G92车螺纹
X18.;	
X17.835;	
G00X80.Z100.;	
……	

表2-48　综合零件一加工参考程序（G76指令编制螺纹加工）

程序	说明
O2018;	程序名
……	
G00X23.Z-4.;	快速定位
G76 P011060 Q100 R200;	G76车螺纹
G76 X17.835 Z-29. P1083 Q1000 F2.;	

续表

程序	说明
G00X80.Z100.;	
……	

项目 16　综合零件的加工（二）

学习目标

◇ 在数控车床上完成如图 2-115 所示的零件的编程与加工。

◇ 掌握定总长、调头加工及工件配合的方法。

◇ 巩固、熟练和提高各工艺知识与操作技能。

◇ 正确执行安全技术操作规程。

◇ 能按企业有关文明生产的规定，做到工作场地整洁，工件、工具、量具摆放整齐。

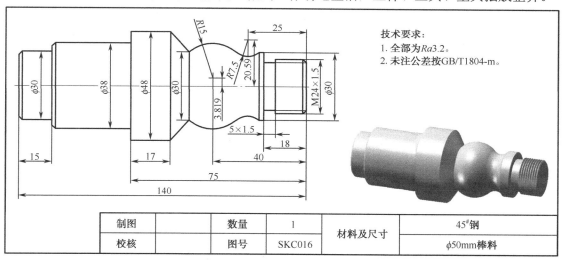

技术要求：

1. 全部为 Ra3.2。

2. 未注公差按 GB/T1804-m。

制图		数量	1	材料及尺寸	45#钢
校核		图号	SKC016		ϕ50mm 棒料

图 2-115　零件图样

任务 1　工艺分析

1. 零件图识读

该零件由外圆、台阶、端面、锥面、沟槽、圆弧表面和螺纹等组成。零件形状复杂，需调头分两次加工完成。倒角为 C1，表面粗糙度为 Ra3.2μm。

2. 工件装夹与坐标原点选择

零件采用三爪自定心卡盘直接装夹，因需调头车削，所以坐标原点有两个，零件左端面与轴线的交点和零件右端面与轴线的交点，如图 2-116 所示。

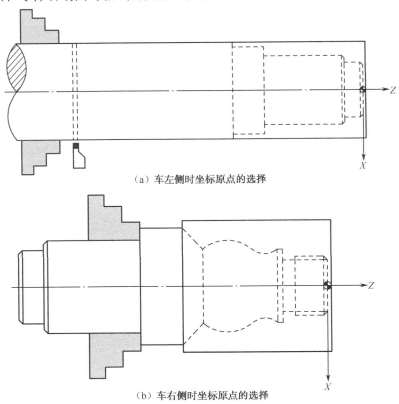

（a）车左侧时坐标原点的选择

（b）车右侧时坐标原点的选择

图 2-116　工件装夹与坐标原点的选择

3. 刀具与加工参数选用

根据加工内容刀具选择 93°机夹外圆车刀（刀尖角 35°）、切槽刀（刀宽 5mm）和 60°螺纹车刀，并分别安装在 1 号、2 号、3 号刀位上，如图 2-117 所示。并采用固定点换刀方式，换刀点为坐标（100，100）。其工艺过程和加工参数见表 2-49。

表 2-49　工艺过程和加工参数

工步内容	刀具号	主轴转速 n/（r/min）	进给量 f/（mm/r）	背吃刀量 a_p/（mm）	备注
车左端面	T0101	800	0.1	0.5	手动或 MDI 方式
车左外形轮廓	T0101	800	0.15		自动
切断	T0202	400	0.1	5	自动
车右端面（控长）	T0101	800		0.5	自动
车右外形轮廓	T0101	800	0.15		自动
切槽	T0202	400	0.1	5	自动
车螺纹	T0303	400	1.5		自动

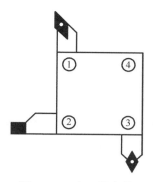

图 2-117 车刀的安装

任务 2 程序编制

1. 工件调头加工中的对刀

由于加工零件的左端面时和右端面时工件坐标系的原点沿 Z 方向平移了一定距离，对于每一把刀都完全相同，因此也可进行坐标偏移，从而在加工工件的第二端时不需要对刀，可以大大提高工作效率。

在图 2-118 中利用机床坐标可测量出两个工件坐标系在原点在 Z 方向上的距离，具体操作步骤为：

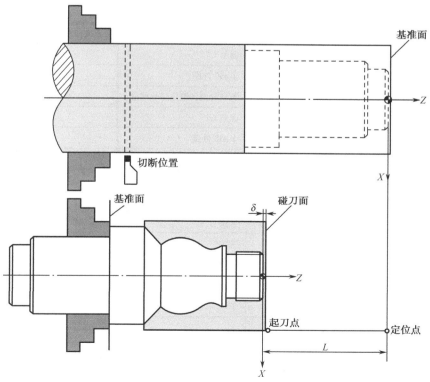

图 2-118 测量两个工件坐标系原点距离

（1）用 2 号刀（切断刀）碰工件左端面。

（2）在相对坐标中将 W 清零。

（3）手动方式进刀 W-145.5（工件总长 140+刀宽 5+余量 0.5），切断工件。

（4）测出工件实际长度，算出与图纸标示长度的差值 δ。

（5）按照装夹基准将工件调头。

（6）用切断刀碰端面，根据差值 δ 左移将多余部分切除。

此时相对坐标显示的 W 值是两个工件坐标系原点在 Z 方向上的距离 L。将 L 取相反数值输入到 G54 的坐标偏置中进行坐标偏移，则掉头后不需要进行对刀操作。

2. 零件的编程

综合零件二加工参考程序见表 2-50。

表 2-50 综合零件二加工参考程序

程序	说明
O2019;	主程序名
G99 T0101 M03 S800;	用 G 指令建立工件坐标系，主轴以 800r/min 正转
G00 X52.Z2.;	快速定位
G94X0.Z0.F0.1;	车端面
G71 U1.5 R1.;	G71 循环车削左侧外表轮廓表面
G71 P5 Q15 U0.4 W0.2 F0.2;	
N5 G00 X24.;	快速定位点（倒角延长线）
G01 X30. Z-1. F0.1;	倒角 C1
Z-10.;	车 ϕ30 外圆
X36.;	车台阶面到倒角延长线处
X38. Z-11.;	倒角 C1
Z-50.;	车 ϕ38 外圆
X48.;	
G01 Z-82.;	车 ϕ48 外圆
N30 G01 X52.;	退刀
G00 X100. Z100.;	至换刀点
M05;	主轴停
M00;	暂停
G00 X52.Z2.M03 S800;	调头车削
G94X0.Z0.F0.1;	车端面控总长
G71 U1.5 R1.;	G71 循环车削右侧外形轮廓表面
G71P30 Q60 U0.4 W0.2 F0.2;	
N30 G00 X17.;	至倒角延长线
G01 X24. Z-1.5 F0.1;	倒角 C1.5

续表

程序	说明
Z-18.;	车螺纹大径
X30.;	车台阶面
W -2.;	车 φ30 外圆
G02 X30. Z -29.97 R7.5;	车 R7.5 凹圆弧
G03 X30. Z-50.R15.;	车 R15 凸圆弧
G01 X48. Z-58.;	车斜面
N60 G01 X52.;	退刀
G00X100.Z100.;	至换刀点
T0202 S400;	选用 2 号刀，主轴以 400r/min 正转
G00 X32.Z-18.;	快速定位
G01 X21. F0.1;	切槽
G04 P2;	暂停
G01 X32;	退刀
G00 X100.Z100.;	至换刀点
T0303;	选用 3 号刀
G00 X26.Z2.;	快速定位
G92 X23.5 Z-16. F1.5;	用 G92 循环车削螺纹，第一次进刀 0.5mm
X23.;	第二次进刀 0.5mm
X22.6;	第三次进刀 0.4mm
X22.376;	第四次进刀 0.224mm
G00X100.Z100.;	至换刀点
M05;	主轴停
M30;	主程序结束并返回

项目 17　综合零件的加工（三）

学习目标

◇ 在数控车床上完成如图 2-119 所示的零件的编程与加工。

◇ 掌握综合工件的工艺安排和编程方法。

◇ 正确执行安全技术操作规程。

◇ 能按企业有关文明生产的规定，做到工作场地整洁，工件、工具、量具摆放整齐。

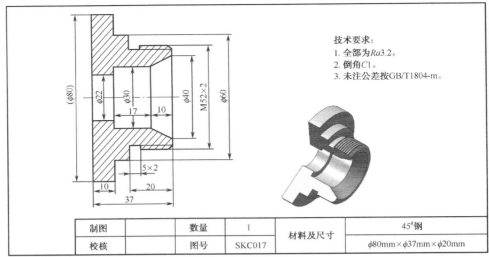

制图		数量	1	材料及尺寸	45#钢
校核		图号	SKC017		$\phi80mm \times 37mm \times \phi20mm$

图 2-119　零件图样

任务 1　工艺分析

1. 零件图识读

该零件由外圆、台阶、沟槽、螺纹、内孔等组成，结构简单，加工精度要求不高；加工表面粗糙度值为 $Ra3.2\mu m$。

2. 工件装夹与坐标原点选择

零件采用三爪自定心卡盘直接装夹 $\phi80mm$ 的毛坯表面，保证伸出长度在 30mm 左右。其坐标原点选为零件右端面与轴线的交点，如图 2-120 所示。

3. 刀具与加工参数选用

根据加工内容刀具选择 93°机夹外圆车刀、切槽刀（刀宽 5mm）、60°螺纹车刀和内孔车刀，并分别安装在 1、2、3、4 号刀位上，如图 2-121 所示。并采用固定点换刀方式，换刀点坐标为（150，100）。其工艺过程和加工参数见表 2-51。

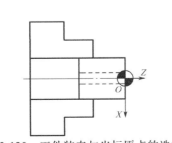

图 2-120　工件装夹与坐标原点的选择

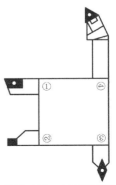

图 2-121　车刀的安装

表 2-51　工艺过程和加工参数

工步内容	刀具号	主轴转速 n/（r/min）	进给量 f/（mm/r）	背吃刀量 a_p/（mm）	备注
车右端面	T0101	700	0.05	0.5	手动或 MDI 方式
车外形轮廓	T0101	700	0.2		自动
切槽	T0202	450	0.1	5	自动
车螺纹	T0303	450	2		自动
车内形轮廓	T0404	400	0.12		自动

任务 2　程序编制

综合零件三加工参考程序见表 2-52。

表 2-52　综合零件三加工参考程序

程序	说明
O2020;	主程序名
G99 T0101 M03 S700;	选择 1 号刀，并调用 1 号刀补，主轴以 700r/min 正转
G00 X82.Z2.;	快速定位循环点
G94X18.Z0.F0.05;	车左侧端面
G72W1.R0.3;	
G72P30Q70U0.05W0.3F0.2;	
N30G00Z-37.;	
G01X60.F0.1;	
Z-27.;	G72 车外形轮廓表面
X52.;	
Z-1.;	
N70G01X52.Z0.;	
G00X150.Z100.;	至换刀点
T0202S450;	换 2 号刀准备切槽
G00X62.Z-20.;	
G01X48.F0.1;	切槽
X62.F0.3;	
G00X150.Z100.;	
T0303;	换 3 号刀
G00X55.Z3.;	
G92X51.5Z-18.F2.;	
X51.;	车螺纹

续表

程序	说明
X50.6;	车螺纹
X50.3;	
X50.;	
X49.835;	
G00X150.Z100.;	
T0404S400;	换 4 号刀
G00X18.Z2.;	
G71U1.R1.;	循环车削内形轮廓
G71P25Q80U0.5W0.2F0.2;	
N25G00X40.;	
Z0.;	
G01X30.Z-10.F0.12;	
Z-27.;	
X22.;	
N80G01Z-37.;	
X18.;	X 向退刀
G00Z100.;	Z 向退刀
X150.;	
M05;	主轴停
M30;	主程序结束

项目 18　综合零件的加工（四）

学习目标

◇ 在数控车床上完成如图 2-122 所示的零件的编程与加工。

◇ 掌握螺纹套车削工艺的安排。

◇ 正确执行安全技术操作规程。

◇ 能按企业有关文明生产的规定，做到工作场地整洁，工件、工具、量具摆放整齐。

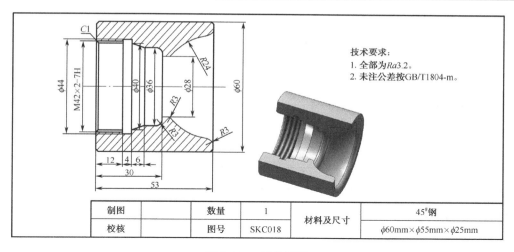

图 2-122　零件图样

制图		数量	1	材料及尺寸	45#钢
校核		图号	SKC018		$\phi60mm\times\phi55mm\times\phi25mm$

任务 1　工艺分析

1. 零件图识读

该零件由内孔、内沟槽、斜面、圆弧表面和螺纹等组成。零件形状复杂，需调头分两次加工完成。表面粗糙度为 Ra3.2μm。

2. 工件装夹与坐标原点选择

零件零件先加工左侧（螺纹一侧），采用三爪自定心卡盘直接装夹 $\phi60mm$ 的毛坯表面，保证伸出长度为 30mm 左右；再调头车右侧（R24 一侧）。因需调头车削，因此坐标原点有两个，零件左端面与轴线的交点和零件右端面与轴线的交点，如图 2-123 所示。

3. 刀具与加工参数选用

根据加工内容选用端面车刀、内孔车刀、内沟槽刀和内螺纹刀，并分别安装在 1、2、3、4 号刀位上，，并分别安装在 1、2、3、4 号刀位上，如图 2-124 所示。并采用固定点换刀方式，换刀点坐标为（120，100）。其工艺过程和加工参数见表 2-53。

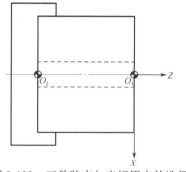

图 2-123　工件装夹与坐标原点的选择

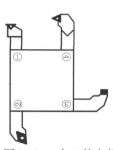

图 2-124　车刀的安装

表 2-53　工艺过程和加工参数

工步内容	刀具号	主轴转速 n/（r/min）	进给量 f/（mm/r）	背吃刀量 a_p/（mm）	备注
车端面	T0101	800	0.1	1	手动或 MDI 方式
车内形轮廓	T0202	800	0.15		自动
切沟槽	T0303	400	0.1	5	自动
车螺纹	T0404	400	2		自动
车内形轮廓	T0404	400	0.12		自动

任务 2　程序编制

综合零件四加工参考程序见表 2-54、表 2-55。

表 2-54　综合零件四加工参考程序（加工左侧）

程序	说明
O2021；	主程序名
G99 T0101 M03 S800；	建立工作坐标系，主轴以 800r/min 正转
G00 X62.Z2.；	快速定位循环点
G94X23.Z0.F0.1；	车左端面
G71 U1.R1.；	
G71 P3 Q10 U0.2 W0.1 F0.15；	
N3 G00 X46.；	
G01 X40.Z-1.F0.1；	
Z-16.；	
X36. Z-22.；	用 G71 指令循环加工各表面
Z-27.；	
G03 X28.Z-30.R5.；	
G01 Z-53.；	
N10 G01 X25.；	退刀
G00 Z2.；	至循环点位置
G00 X120.Z100.；	至换刀点
T0202 S400；	用 2 号刀，主轴以 400r/min 正转
G00 X25.Z2.；	快速定位
Z-16.；	至切槽处
G01 X44.；	切槽
G04 P2；	暂停
G01 X25.；	退刀

续表

程序	说明
G00 Z2.;	退刀
G00 X120.Z100.;	至换刀点
T0303;	用 3 号刀
G00 X35.Z3.;	快速定位循环点位置 P 点
G92 X40.7 Z-14. F2.;	车螺纹，第一次进刀
X41.2;	第二次进刀
X41.6;	第三次进刀
X41.9;	第四次进刀
X42.;	第五次进刀
G00 X120. Z100.;	至换刀点
M05;	主轴停
M30;	主程序结束并返回

表 2-55　综合零件四加工参考程序（加工右侧）

程序	说明
O2022;	主程序名
G99 T0404 M03 S800;	建立坐标系，主轴以 800r/min 正转
G00 X62.Z2.;	快速定位循环点
G94X25.Z0.F0.1;	车右端面
G71 U1.R1.;	用 G71 循环车削右侧各内表面
G71 P5 Q15 U0.2 W0.1 F0.15;	
N5 G00 X53.67 ;	
Z0.;	
G02 X44.7 Z-2.67 R3. F0.1;	
G03 X30.22 Z-18.65 R24.;	
G02 X28. Z-20.98 R3.;	
N15 X25.;	
G00 Z2.;	
G00 X120. Z100.;	至换刀点
M05;	主轴停
M30;	主程序结束并返回

习　题　2

1．G00、G01 指令有何不同？
2．圆弧插补指令的格式怎样？方向如何确定？
3．循环指令常用哪几个？格式怎样？
4．螺纹加工指令常用几个？格式怎样？
5．FANUC 车床如何对刀？
6．车床的刀具补偿包括哪些？如何设定？
7．加工如图 2-125 所示的零件，其材料为 45# 钢，毛坯尺寸为 ϕ60mm×100mm。

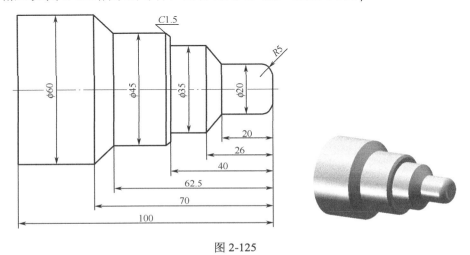

图 2-125

8．加工如图 2-126 所示的零件，其材料为 45# 钢，毛坯尺寸为 ϕ38mm×43mm。

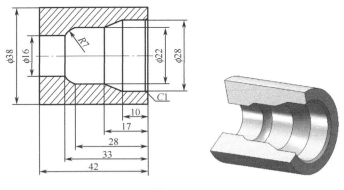

图 2-126

9．加工如图 2-127 所示的零件，其材料为 45# 钢，毛坯尺寸为 ϕ72mm 棒料。
10．加工如图 2-128 所示的零件，其材料为 45# 钢，毛坯尺寸为 ϕ60mm×25mm。

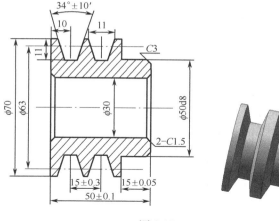

图 2-127

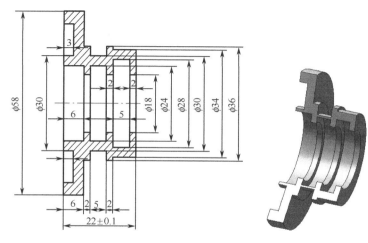

图 2-128

11. 加工如图 2-129 所示的零件，其材料为 45#钢，毛坯尺寸为 ϕ60mm×50mm×28mm。

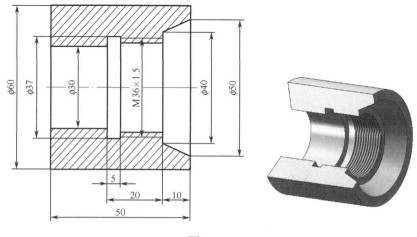

图 2-129

12. 加工如图 2-130 所示的零件，其材料为 45#钢，毛坯尺寸为 ϕ100mm×40mm×28mm。

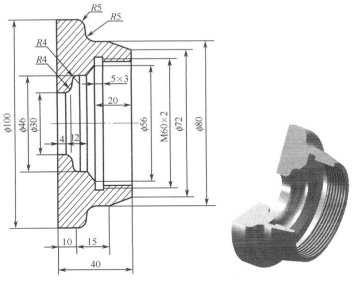

图 2-130

第3章 数控铣床的加工工艺与编程实例

项目1 数控铣床的基本操作

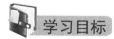

学习目标

◇ 掌握操作面板的操作方法。
◇ 掌握程序的输入与编辑方法。
◇ 掌握对刀的方法。
◇ 掌握程序调试与运行的方法。
◇ 掌握工件坐标系的设定。

任务1 认识数控铣床的操作面板

1. 数控铣床的操作面板介绍

FANUC 0i 数控铣床系统的操作面板如图 3-1 所示，它由 CRT 显示器、MDI 键盘和软键组成。

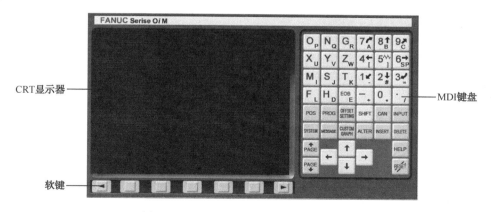

图 3-1 FANUC 0i 数控铣床的操作面板

（1）MDI 键盘说明。MDI 键盘如图 3-2 所示。

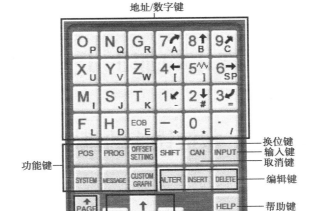

图 3-2　MDI 键盘

（2）MDI 键盘各功能说明见表 3-1。

表 3-1　MDI 键盘各功能说明

名称	键标	功能说明
复位键	RESET	按下这个键可以使数控铣床复位或者取消报警
帮助键	HELP	当对 MDI 键盘的操作不明白时，按下这个键可以获得帮助
地址和数字键	O_P	按下这个键可以输入字母、数字或其他字符
切换键	SHIFT	功能键的某些键具有两个功能。按下"SHIFT"键可以在这两个功能之间进行切换
输入键	INPUT	当按下一个字母键或数字键时，再按该功能键，数据被输入到缓冲区，并显示在屏幕上。若要将输入缓冲区的数据复制到偏置寄存器中，则按下该键。这个键与软键中的"INPUT"键是等效的
取消键	CAN	取消键，用于删除最后一个进入输入缓存区的字符或符号
程序功能键	ALTER	替换键，用于程序字的代替
	INSERT	插入键，用于程序字的插入
	DELETE	删除键，用于删除程序字、程序段及整个程序
功能键	POS PROG OFFSET SETTING SYSTEM MESSAGE CUSTOM GRAPH	按下这些键，切换不同功能的显示屏幕。POS，显示刀具的坐标位置；PROG，在编辑方式下编辑、显示存储器里的程序，在 MDI 方式下输入及显示 MDI 数据，在自动方式下显示程序指令值；OFFSET SETTING，设定和显示刀具补偿值、工件坐标系、宏程序变量；SYSTEM，用于参数的设定、显示及自诊断功能数据的显示；MESSAGE，用于显示 NC 报警信号信息、报警记录等；CUSTOM GRAPH，用于模拟刀具轨迹的图形显示

续表

名称	键标	功能说明
光标移动键	→	将光标向右或向后（一行）移动
	←	将光标向左或向前（一行）移动
	↓	将光标向下或向后（屏幕）移动
	↑	将光标向上或向前（屏幕）移动
翻页键	PAGE↓	该键用于将屏幕显示页面向前翻页
	↑PAGE	该键用于将屏幕显示页面向后翻页

（3）软键。在 CRT 显示器的下方有一排软键即 ◄ □ □ □ □ □ ► ，根据不同的画面，软键有不同的功能。左右两侧为菜单翻页键。

2. FANUC 0i 数控铣床的控制面板的按键功能说明

FANUC 0i 数控铣床的控制面板如图 3-3 所示，它由操作面板和手摇面板组成。

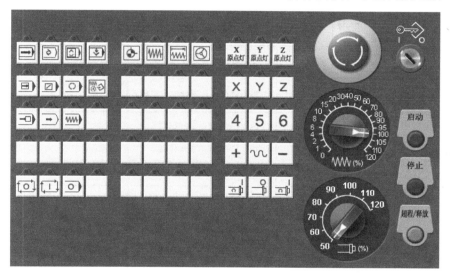

图 3-3　FANUC 0i 数控铣床的控制面板

（1）操作面板的按键功能说明。操作面板的按键功能说明见表 3-2。

表 3-2　FANUC 0i 数控铣床的操作面板的按键功能说明

名称	图标	功能说明
运行方式键	⟨☉⟩	EDIT（编辑键）：按下该键进入编辑运行方式
	⟨⟶⟩	AUTO（自动模式键）：按下该键进入自动运行方式

名称	图标	功能说明
运行方式键		MDI 键：按下该键进入 MDI 运行方式
		JOG（手动模式键）：按下该键进入手动运行方式
		HNDL 键（手轮方式）：按下该键进入手摇（手轮）运行方式
		SINGL 键（单段运行）：按下该键进入单段运行方式
		REF 键（回参考点）：按下该键可以进行返回铣床参考点操作
		INC 键（增量进给键）：手动脉冲方式进给
		程序段跳键：在自动模式下按下此键，跳过程序段开头带"/"的程序
		文件传输键：通过 RS-232 接口把控制系统与计算机连接并传输文件
		重新启动键：由于刀具破损等其他原因自动停止后，程序可从指定的程序段重新运行
		空运行键：按下此键，各轴以固定的速度运动
		机床锁住：按下此键，机床各轴被锁住
主轴控制键		按下 键，主轴反转
		按下 键，主轴停转
		按下 键，主轴正转
循环启动与停止键		循环按键，按下此键，程序运行； 循环启动键，模式选择旋钮在"AUTO"和"MDI"位置时，按下此键，自动加工程序，其余时间按下此键无效； 程序停止，自动模式下，遇有 M00 指令，程序停止
主轴速度调节旋钮		调节主轴速度，调节范围为 50%～120%
程序编辑开关		置于"I"位置，可进行程序的编辑

续表

名称	图标	功能说明
进给轴与方向选择键	X Y Z + ∿ −	用来选择车床的移动轴和方向。 其中的 ∿ 为快进键。当按下该键后，该键变为红色，表明快进功能开启；再按一下该键，该键恢复成白色，则表示快进功能关闭
速度进给（F）调节旋钮		调节进给速度，调节范围为 0～120%
系统启动/停止键	启动 停止	用来开启和关闭数控铣床。用于通电开机和断电关机
急停键		用于锁住铣床。按下急停键时，铣床立即停止运动，旋转可释放

（2）手摇面板的功能说明见表 3-3。

表 3-3 FANUC 0i 系统手摇面板的功能说明

名称	图标	功能说明
手摇进给倍率键	1 10 100	用于选择手摇移动倍率。按下所选的倍率键后，该键左上方的红灯亮。其中：1 为 0.001；10 为 0.010；100 为 0.100
进给轴选择开关	X Y Z	在手摇模式下用来选择车床所要移动的轴
手摇		在手摇模式下用来使车床移动；手摇逆时针旋转时，铣床按选定的向负方向移动；手摇顺时针方向旋转时，铣床按选定的向正方向移动

任务 2 机床操作训练

1. 数控铣床/加工中心的手动操作

1）系统通电

（1）检查 CNC 机床外表是否正常。

（2）打开位于数控铣床后面的电控柜上的主电源开关。

（3）按面板上的"启动"按钮 接通电源，几秒钟后，CRT 显示器上出现如图 3-4 所示的位置画面。

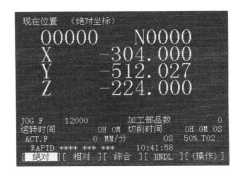

图 3-4 系统通电后位置显示画面

（4）顺时针轻轻旋转"急停"按钮⊙，使其抬起处于松开状态⊙。

（5）绿灯亮后，机床液压泵已启动，机床进入准备状态。

2）关机

（1）检查操作面板上的 LED 指示循环启动应在停止状态。

（2）检查 CNC 机床所有可移动部件处于停止状态。

（3）关闭外部输入/输出设备。

（4）按下操作面上的"停止"按钮⊙，断开电源。

（5）关闭位于数控铣床后面的电控柜上的主电源开关。

3）回参考点操作

（1）按控制面板上的⊙键，此时该键左上方的小灯亮⊙。

（2）在坐标轴选择键中按下 X 键，再按下 + 键，X 轴返回参考点，此时⊙亮。

（3）在坐标轴选择键中按下 Y 键，再按下 + 键，X 轴返回参考点，此时⊙亮。

（4）在坐标轴选择键中按下 Z 键，再按下 + 键，X 轴返回参考点，此时⊙亮。

回参考点后，CRT 显示如图 3-5 所示的界面。

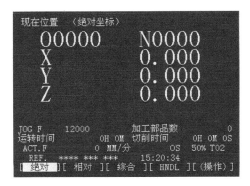

图 3-5 CNC 机床回参考点后 CRT 显示界面

4）手动移动机床主轴的方法

（1）主轴坐标轴控制。

① 在控制面板上按下 ⋙ 键。

② 选择坐标轴键 X 或 Y 或 Z，再按下 + 或 − 方向键，则可移动单轴、两轴或三轴，移动的速度由进给旋钮控制。如果同时按下快速移动键 ⋀ 和相应的坐标轴键，则坐标轴以快进速度运行。

③ 按下 ⅢⅢ 键，进入增量模式状态（手摇模式），可实现手摇单元操作控制各坐标轴增量移动，增量值的大小由手摇控制器中步距按键控制。

注意： 手摇模式下，手摇的转速不应大于 5r/s，以防止机床移动距离与手摇的刻度不相符合。

（2）主轴控制。其操作步骤为：

① 在控制面板上按下 ⅢⅢ 键。

② 按 ⌐ 键，主轴正转；按 ⌐ 键，主轴停止；按 ⌐ 键，主轴反转。

5）装刀与换刀

（1）确认刀具和刀柄的质量不超过机床规定的许用最大质量。

（2）擦干净刀柄锥面与主轴锥孔。

（3）左手握住刀柄，将刀柄的键槽对准主轴端面键垂直伸入至主轴内。

（4）右手按下"换刀"按钮 ▣，压缩空气从主轴内吹出以清洁主轴和刀柄，按住此按钮，直至刀柄锥面与主轴锥孔完全贴合后，松开按钮，刀柄即被自动夹紧，如图 3-6 所示。

图 3-6　刀柄的安装

（5）刀柄装上后，用手转动主轴检查刀柄装夹是否正确。

（6）卸刀柄时，先用左手握住刀柄，再用右手按"换刀"按钮，取下刀柄，放在卸刀座上。

2. 数控铣床/加工中心 MDI（MDA）操作及对刀

1）MDI（MDA）手动输入操作

（1）按 ▣ 键，铣床进入 MDI 工作模式状态。

（2）按 POS 键，CRT 显示界面如图 3-7 所示。

（3）按软键 「MDI」，自动出现加工程序名。

（4）输入测试程序，如"M03 S800"，按 INSERT 键，测试程序段输入，如图 3-8 所示。

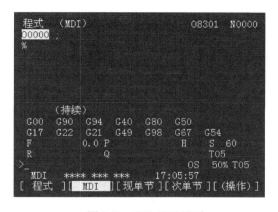

图 3-7　CRT 显示界面

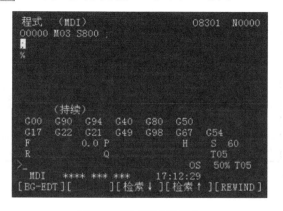

图 3-8　测试程序段输入

（5）按"循环启动"键 ，运行测试程序。

（6）如遇 M02 或 M30 指令，停止运行或按"复位"键 结束程序。

2）对刀

对刀的准确程度将直接影响到加工的精度，因此，对刀操作一定要仔细，对刀的方法一定要与零件的加工精度相适应。当零件加工精度要求较高时，可采用千分表找正对刀。用这种方法对刀，每次所需时间较长，效率低。目前，很多加工中心采用了光学或电子装置等新方法来减少工时和提高精度。

（1）X、Y 方向的对刀。

① 采用杠杆百分表（或千分表）对刀。如图 3-9 所示，其操作步骤为：

a．在"HANDLE"模式下，用磁性表座将杠杆百分表吸在数控机床主轴的端面上，并手动转动机床主轴。

b．手动操作使旋转表头依 X、Y、Z 的顺序逐渐靠近侧壁（或圆柱面）。

c．移动 Z 轴，使表头压住被测表面，指针转动约 0.1mm。

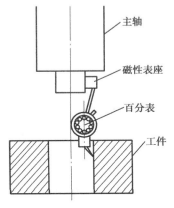

图 3-9　采用杠杆百分表对刀

d．逐步降低手摇的 X、Y 移动量，使表头旋转一周时，其指针的跳动量在允许的对刀误差内，如 0.02mm，此时可认为主轴的旋转中心与被测孔中心重合。

e．记下此时机床坐标系中的 X、Y 坐标值，此 X、Y 坐标值为 G54 指令建立工件坐标系的偏置值。

注意：这种操作方法较为麻烦，且效率低，但对刀精度高，对被测孔的精度要求也较高，最好是经过铰或镗加工的孔，仅粗加工后的孔不宜采用。

② 试切法对刀。使用 G54，G55，…，G59 等零点偏置指令，将机床坐标系原点偏置到工件坐标系零点上。通过对刀将偏置距离测出并输入存储到 G54 中。X 方向的对刀操作见表 3-4。

表 3-4　X 方向的对刀操作

步骤	操作说明	示意图
第一步	移动刀具，让刀具刚好接触工件左侧面	

续表

步骤	操作说明	示意图
第二步	按 OFFSET SETTING 键，显示刀具形状列表	工具补正　08301　N0000 番号　形状(H)　磨耗(H)　形状(D)　磨耗(D) 001　0.000　0.000　0.000　0.000 002　0.000　0.000　0.000　0.000 003　0.000　0.000　0.000　0.000 004　0.000　0.000　0.000　0.000 005　0.000　0.000　0.000　0.000 006　0.000　0.000　0.000　0.000 007　0.000　0.000　0.000　0.000 008　0.000　0.000　0.000　0.000 现在位置 （相对坐标） 　X　-710.400　Y　-221.200 　Z　-256.800 >_ MEM.　**** *** ***　18:44:49 OS 50% T05 [补正][SETTING][ ][坐标系][(操作)]
第三步	按 坐标系 软键，显示坐标轴设定界面	工件坐标系设定　08301　N0000 番号 00　X　0.000　02　X　0.000 (EXT)　Y　0.000　(G55)　Y　0.000 　Z　0.000　　Z　0.000 01　X　0.000　03　X　0.000 (G54)　Y　0.000　(G56)　Y　0.000 　Z　0.000　　Z　0.000 >_ MEM.　**** *** ***　18:45:05 OS 50% T05 [补正][SETTING][ ][坐标系][(操作)]
第四步	将光标移至 G54 的 X 轴数据	工件坐标系设定　08301　N0000 番号 00　X　0.000　02　X　0.000 (EXT)　Y　0.000　(G55)　Y　0.000 　Z　0.000　　Z　0.000 01　X　0.000　03　X　0.000 (G54)　Y　0.000　(G56)　Y　0.000 　Z　0.000　　Z　0.000 >_ MEM.　**** *** ***　19:02:55 OS 50% T05 [NO检索][测量][ ][+输入][输入]
第五步	输入刀具在工件坐标系的 X 值	工件坐标系设定　08301　N0000 番号 00　X　0.000　02　X　0.000 (EXT)　Y　0.000　(G55)　Y　0.000 　Z　0.000　　Z　0.000 01　X　0.000　03　X　0.000 (G54)　Y　0.000　(G56)　Y　0.000 　Z　0.000　　Z　0.000 >_ MEM.　**** *** ***　19:04:50 OS 50% T05 [NO检索][测量][ ][+输入][输入]

续表

步骤	操作说明	示意图
第六步	按[(操作)]软键，再按[测量]软键，完成 X 轴的对刀	工件坐标系设定　　　　　　　　　　O8301　N0000 番号 　00　　X　　　0.000　　02　　X　　　0.000 　(EXT)　Y　　　0.000　　(G55)　Y　　　0.000 　　　　　Z　　　0.000　　　　　　Z　　　0.000 　01　　X　　−0.005　　03　　X　　　0.000 　(G54)　Y　　　0.000　　(G56)　Y　　　0.000 　　　　　Z　　　0.000　　　　　　Z　　　0.000 >　　　　　　　　　　　　　　　　OS　50% T05 　MEM.　****　***　***　　19:06:32 [NO检索][测量][　　][+输入][输入]

用同样的操作方法完成 Y 方向的对刀。但刀具接触工件所处位置为工件的前侧面，如图 3-10 所示。

![注意图标] **注意**：对刀过程中应调小进给倍率，完成后要进行检验，检验测试程序尽可能采用 "G01X0. Y0. Z10. F500."，以免因对刀错误而引起撞刀事故。

③ 采用寻边器对刀。常用的寻边器有偏心式、电子式两种，如图 3-11 所示。

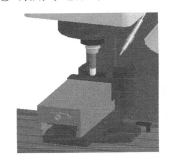

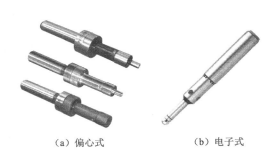

（a）偏心式　　　　　　（b）电子式

图 3-10　Y 轴对刀示意图　　　　　　　图 3-11　寻边器

电子式寻边器（也叫电子感应器）的结构如图 3-12 所示。将电子寻边器和普通刀具一样装夹在主轴上，其柄部和触头之间有一个固定的电位差，当触头与金属工件接触时，即通过床身形成回路电流，寻边器上的指示灯就被点亮；逐步降低步进增量，使触头与工件表面处于极限接触（进一步即点亮，退一步则熄灭），即认为定位到工件表面的位置处。

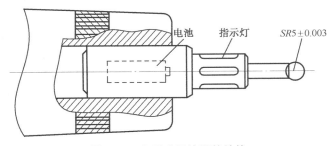

电池　　指示灯　　SR5±0.003

图 3-12　电子式寻边器的结构

　　如图 3-13 所示，先后定位到工件正对的两侧表面，记下对应的 X_1、X_2、Y_1、Y_2 坐标值，则对称中心在机床坐标系中的坐标应是[(X_1+X_2)/2，(Y_1+Y_2)/2]。

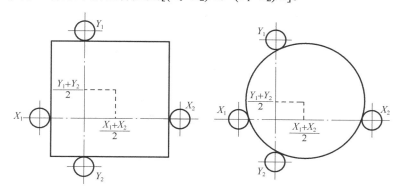

图 3-13　寻边器找对称中心

　　④ 采用机外对刀仪（刀具预调仪）对刀。加工中心机外对刀仪如图 3-14 所示。机外对刀仪用来测量刀具的长度、直径和刀具形状、角度。刀库中存放的刀具的主要参数都要有准确的值，这些参数值在编制加工程序时都要加以考虑。使用中因刀具损坏需要更换新刀具时，用机外对刀仪可以测出新刀具的主要参数值，以掌握与原刀具的偏差，然后通过修改刀补值确保其正常加工。此外，用机外对刀仪还可测量刀具切削刃的角度和形状等参数，利于提高加工质量。对刀仪由刀柄定位机构、测头与测量机构、测量数据处理装置 3 部分组成。

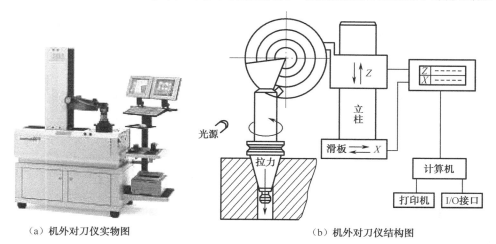

（a）机外对刀仪实物图　　　　　　　　（b）机外对刀仪结构图

图 3-14　机外对刀仪

用机外对刀仪对刀的基本过程如下：

　　a. 选择装配好的一把刀柄刀杆进行对刀，并记下它的长度 L_1、半径 R_1。有时，以它的长度 L_1 为基准，但一般情况下不用。

　　b. 测量第 2 把刀的长度 L_2、半径 R_2。有时，要与第 1 把刀进行比较，这时要注意 $\Delta L_2=L_2-L_1$ 的符号。

　　依次测量其他刀具，分别记下长度 L_n、半径 R_n，并输入数控系统刀具管理的参数中。

（2）Z 向对刀。Z 方向对刀的方法与上述操作相同，刀具与工件接触所处位置为工件上表面，如图 3-15 所示，且输入偏值应为 0。

图 3-15　Z 向对刀示意图

也可利用如图 3-16 所示的 Z 向设定器进行精确对刀，其工作原理与寻边器相同。对刀时也是将刀具的端刃与工件表面或 Z 向设定器的测头接触，利用机床坐标的显示来确定对刀值。当使用 Z 向设定器对刀时，要将 Z 向设定器的高度考虑进去。Z 向设定器对刀时，其操作示意图如图 3-17 所示。

（a）机械式

（b）电子式

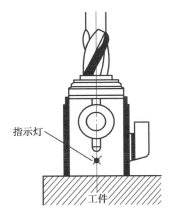

图 3-16　Z 向对刀器　　　　　　　图 3-17　Z 向设定器操作示意图

3. 程序的编辑与输入

1）数控程序的编辑

数控程序可直接用数控系统的 MDI 键盘输入，其操作步骤如下。

（1）先按 键，进入编辑状态。

（2）再按数控系统面板上的 键，转入编辑页面，如图 3-18 所示。

（3）输入新程序名，如 "O8301"。按 键，数控程序名被输入，再按 键，输入 "；"，CTR 界面上就出现如图 3-19 所示的一个空程序。

（4）利用 MDI 键盘，在输入一段程序后，按下 键，再按下 键，则此段程序被输入，然后再进行下一段程序的输入，用同样的方法，可将零件加工程序完整地输入到数控系统中去，如图 3-20 所示。

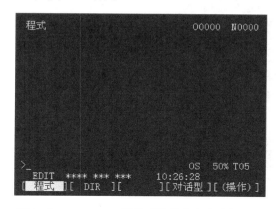

图 3-18　FANUC 0i 数控系统数控程序编辑页面

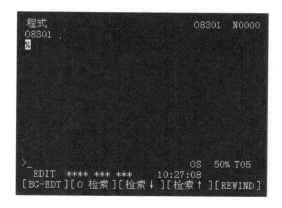

图 3-19　数控系统中输入选定的程序名

（5）利用方位键 ↑ 或 键，将程序复位（返回），如图 3-21 所示。

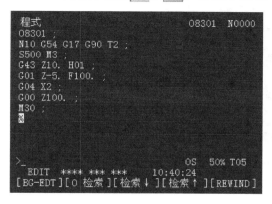

图 3-20　数控程序的输入

图 3-21　程序复位（返回）

2）字符的插入、删除、查找和替换

（1）字符的插入。移动光标至程序所需位置，按 MDI 键盘上的数字/字母键，将代码输入到输入域中，按 键，把输入域的内容插入到光标所在代码后面。如图 3-22 所示，在程序段 "M3" 中，没有设定主轴转速，这时则要插入一个字符 "S500"。

首先移动光标键至所需插入的地址代码前，再输入 "S500"，如图 3-23 所示，按 键，则字符被插入，如图 3-24 所示。

（2）删除输入域内的数据。按 键用于删除输入域中的数据。如果只需删除一个字符，则要先将光标移至所要删除的字符位置上，按 键，删除光标所在的地址代码。

（3）查找。输入所需要搜索的字母或代码，按 键开始在当前数控程序中光标所在位置搜索。如果此数控程序中有所搜索的代码，光标则会停在所搜索到的代码处；如没有（或没搜索到），光标则会停在原处。

（4）替换。先将光标移至所需替换的字符的位置上，再通过 MDI 输入所需替换成的字符，按 键，完成替换操作。

图 3-22　程序复位后的检查

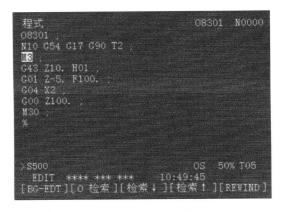

图 3-23　字符的插入

图 3-24　字符插入后的程序

4. 自动加工

1）模拟加工

（1）按操作面板上的"自动运行"键▤，使其指示灯变亮，系统转入自动加工模式。

（2）按 MDI 键盘上的▨键，数字/字母键，输入"Ox"（x 为所需要检查运行轨迹和数控程序号），按 ↓ 键开始搜索，找到后，程序显示在 CRT 界面上。

（3）按▨键，进入检查运行轨迹模式，按操作面板上的"循环启动"键▣，即可观察程序的运行轨迹。

2）自动/单段方式

（1）机床回零。

（2）输入数控或自行编写一段程序。

（3）按操作面板上的"自动运行"键▤，使其指示灯变亮。

（4）按操作面板上的"单段运行"键▤。

（5）按操作面板上的"循环启动"键▣，程序开始执行。

▨ **注意：** 自动/单段方式执行每一行程序均需按一次▣键。按▣键，则程序运行时跳过符号"/"有效，该行成为注释行，不执行。按▣键，则程序中 M01 有效。

任务 3 　工件坐标系设定

加工零件编程是在工件坐标系内进行的。工件坐标系可用以下两种方法设定：用 G92 指令和其后的数据来设定工件坐标系；或事先用操作面板设定坐标轴的位置，再用 G54~G59 指令来选择。

1. G92 指令

指令编程格式为：

```
G92 X-Y-Z-;
```

X-Y-Z-是指主轴上刀具的基准点在新坐标系中的坐标值，它是绝对坐标。若已将刀具移到工作区内某位置，其屏幕显示当前刀具在机床坐标系中的坐标为（X_1、Y_1、Z_1）。此时，如果用 MDI 操作方式执行程序指令 G92X0Y0Z0，就会在系统内部建立工件坐标系，屏幕上将显示出工件原点在机床坐标系中的坐标为（X_1、Y_1、Z_1），如果执行程序指令 G92 X_2、Y_2、Z_2，则显示出工件原点在机床坐标系中的坐标为（X_1-X_2、Y_1-Y_2、Z_1-Z_2）；如切换到工件坐标系显示，则显示当前刀具在工件坐标系中的坐标为（X_2、Y_2、Z_2）。

G92 是以刀具基准点为基准的，所以在使用中要注意刀具的位置，如果位置有误，则坐标系便被错误偏置。

2. G54 ~ G59 设置工件坐标系

用 G54~G59 可选择 6 个工件坐标系，分别为工件坐标系 1~6，通过面板设定机床零点到各个坐标原点的距离，便可设定 6 个工件坐标系，如图 3-25 所示。

G54~G59 为模态指令，在执行过手动回参考点之后，如果未选择工件坐标系自动设定功能，系统便按默认 G54~G59 中的一个。一般情况下系统把 G54 作为默认。

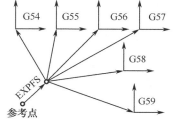

图 3-25 　加工坐标系偏置

3. 外部工件坐标系偏置 G52

G52 为特定坐标系，其指令编程格式为

```
G52X-Y-Z-;
```

X、Y、Z 为各轴的零点偏置值。如图 3-26 所示，为从 $A \rightarrow B \rightarrow C \rightarrow D$ 进给路线，可编程为：

```
......
G54 G00 G90 X30.Y40.;        快移到 G54 中 R 的 A 点
G59;                         将 G59 置为当前工件坐标系
G00 X30.Y30.;                移到 G59 中的 B 点
G52X45.Y15.;                 在当前工件坐标系 G59 中，建立局部坐标系 G52
G00G90X35.Y20.;              移到 G52 中的 C 点
G53X35.Y35.;                 移到 G53（机床机械坐标系）中的 D 点
......
```

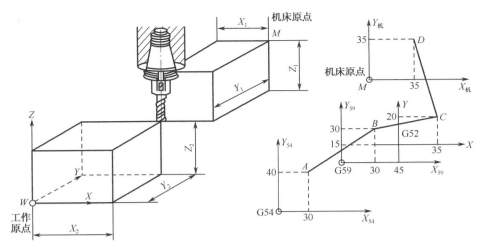

图 3-26　工件坐标系设定

在执行"G54 G00 G90 X30.Y40.;"程序段时，系统会先选定 G54 坐标系作为当前工件坐标系；然后执行 G00 移动到该坐标系中的 A 点。

在执行"G59;"程序段时，系统又会选定 G59 坐标系作为当前工件坐标系。执行"G00 X30.Y30.;"时，机床就会移到刚指定的 G59 坐标系中的 B 点。

执行"G52X45.Y15.;"时，将在当前工件坐标系 G59 中建立局部坐标系 G52，G52 后所跟的坐标值是 G52 的原点在当前坐标系中的坐标。执行"G00G90X35.Y20.;"时，刀具移到局部坐标系 G52 中的 C 点，G53 是直接按机床坐标系编程。

执行"G53X35.Y35.;"时，工具将移到机床坐标系中的 D 点。但 G53 指令只对本程序段有效，后续程序段如不指定其他坐标系，则当前有效坐标系还是 G59 中的局部坐标 G52。

4. 绝对坐标输入方式 G90 和增量坐标输入方式 G91

指令编程格式为：

> G90
> G91

（1）G90 指令建立绝对坐标输入方式，移动指令目标点的坐标值 X、Y、Z 表示刀具离开工件坐标系原点的距离。

（2）G91 指令建立增量坐标输入方式，移动指令目标不点的坐标值 X、Y、Z 表示刀具离开当前点和坐标增量。

5. 自动参考点指令 G28

指令编程格式为：

> G28X-Y-Z-;

通常，G28 指令用于返回参考点后自动换刀，执行该指令前必须取消刀具半径补偿和刀具长度补偿。G28 指令的功能是刀具经过中间点快速返回参考点。指令中的参考点和含义：如果没有设定换刀点，那么参考点指的就是回零点，即刀具返回至机床的极限位置；如果设定了换刀点，那么参考点指的就是换刀点。通过参考点能消除刀具运行过程中的插补累积误差。在指令中设置中间点的意义是，设定刀具返回参考点的走刀路线。如 G91G28X0Z0，它表示刀具先从 Y 轴的方向 Y 轴的参考点位置，然后从 X 轴的方向至 X 轴的参考位置，最后从 Z 轴的方向返回至 Z 轴的参考点位置。X、Y、Z 为中间点坐标。

6. 从参考点移动至目标点 G29

指令编程格式为：

　　　G29 X-Y-Z-；

（1）返回参考点后执行该指令，刀具从参考点出发，以快速定位的方式，经过由 G28 所指定的中间点到达由坐标值 X-Y-Z-所指定的目标点位置。

（2）X、Y、Z 为目标点坐标值，G90 指令表示目标点为绝对坐标方式，G91 指令表示目标点为增量值坐标方式，即表示目标点相对于 G28 中间点的增量。

（3）如果在 G29 指令前没有 G28 指令设定中间点，在 G29 指令时，则以工件坐标系零点作为中间点。

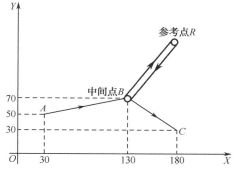

图 3-27　自动返回参考点

例：如图 3-27 所示，刀具从 A 点以过中间点 B 返回参考点 R，换刀后再经过中间点 B 到 C 点定位，分别使用绝对坐标和增量坐标方式编程。

用绝对值方式编程：

G90 G28 X130 Y70	当前点 A→B→R
M06	换刀
G29 X180 Y-40	参考点 R→B→C

用增量值方式编程：

G91 G28 X100 Y20	
M06	
G29 X50 Y-40	

若程序中无 G28 指令，则程序段为：

G90 G29 X180 Y30	进给路线为 A→O→C

项目 2　一般平面的铣削

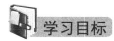 **学习目标**

◇ 在数控铣床/加工中心上完成如图 3-28 所示的零件编程与加工。

◇ 学会 G00 和 G01 指令的使用，编制出正确的加工程序。

◇ 看懂图样，能根据零件图样要求，合理选择进给路线及切削用量，并制定出合理的加工工艺。

◇ 能合理地安排好粗、精加工。

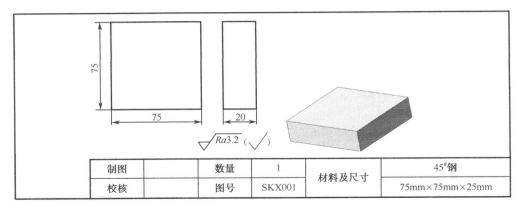

制图		数量	1	材料及尺寸	45#钢
校核		图号	SKX001		75mm×75mm×25mm

图 3-28　零件图样

任务 1　工艺分析

1. 零件图识读

该工件形状较为简单，因为零件只要求加工上表平面（铣切余量 5mm），所以要保证的尺寸只有高度尺寸 20mm，且其表面粗糙度为 $Ra3.2\mu m$，易于数控编程。

2. 坐标原点的选择

工件坐标系原点设置在工件左角上表面顶点处，如图 3-29 所示。刀具加工起点选在距工件上表面 10mm 处。

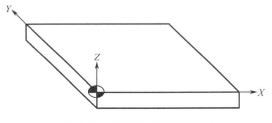

图 3-29　工件坐标原点设置

3. 刀具与加工参数选用

零件采用 $\phi20$mm 的键槽铣刀进行平面粗加工，选用 $\phi20$mm 立铣刀进行平面的精加工。其工艺过程和加工参数见表 3-5。

表 3-5　工艺过程和加工参数

工步内容	选用刀具	刀具号	主轴转速（r/min）	进给速度（mm/min）	
				Z 向	周向
粗加工平面	$\phi20$mm 键槽铣刀	T0101	600	100	80
精加工平面	$\phi20$mm 立铣刀	T0202	800		60

任务 2　程序编制

1. 编程指令

1）快速定位指令 G00

快速定位功能。使刀具以点定位控制方式从刀具所在点快速运动到下一个目标位置。它只是快速定位，而无运动轨迹要求，且应为无切削加工过程。当 X 轴和 Y 轴的快进速度相同时，从 A 点到 B 点的快速定位路线为 $A \rightarrow C \rightarrow B$，即以折线的方式到达 B 点，而不是以直线方式从 $A \rightarrow B$，如图 3-30 所示。

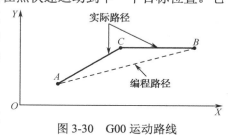

图 3-30　G00 运动路线

G00 一般用于加工前快速定位或加工后快速退刀。快移速度由面板上的"快速修调"按键修正。G00 为模态功能指令代码，可由 G01、G02、G03 功能指令注销。

指令书写格式为：

    G00X-Y-Z-；

X、Y、Z 是快速定位终点坐标，在 G90 时为终点在工件坐标系中的坐标；在 G91 时为终点在工件坐标系中相对于起点的坐标。

G00 指令中的快速移动由机床参数"快速进给速度"对各轴分别设定，不能用 F 规定。

注意：向下运动时，不能以 G00 速度运动切入工件，一般应离工件有 5～10mm 的安全距离，不能在移动过程中碰到机床、夹具等，如图 3-31 所示。

2）直线插补指令 G01

G01 指令刀具以联动的方式，按 F 规定的合成速度，从当前位置按线性路线（联动直线轴的合成轨迹为直线）移动到程序段指定的终点，如图 3-32 所示。G01 是模态功能指令代码，可由 G00、G02、G03 功能指令注销。

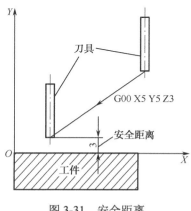

图 3-31　安全距离

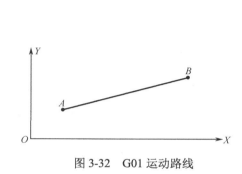

图 3-32　G01 运动路线

指令书写格式为：

    G01X-Y-Z-F-；

X、Y、Z 是线性进给终点，在 G90 绝对编程时为终点在工件坐标系中的坐标；在 G91 时为终点相对于起点的增量坐标。F 为合成进给速度。

2. 平面铣削工艺路径

平面铣削工艺路径有往复平行铣切路径、单向平行切削路径和环切切削路径三种铣削方式，见表 3-6。

表 3-6　平面铣削工艺路径

路径方式	说明	图示
往复平行铣切	刀具以顺、逆铣混合方式切削平面，通常用于精铣平面	
单向平行切削	刀具以单一的顺铣或逆铣方式切削平面，一般用于精铣平面	
环切切削	刀具以环状走刀方式铣削平面，可从里向外或从外向里	

3. 程序编制

一般平面铣切加工参考程序见表 3-7。

表 3-7　一般平面铣切加工参考程序

程序	说明
O3001；	主程序名
G49G80G69G90G40；	设置初始状态
G00G54G21G94M03S600T0101；	设置加工参数
G00X-15.Y0.Z10.；	刀具运动至（-15，0，10）点

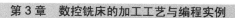

程序	说明
G00Z-4.;	下刀
G01X90.F80;	粗铣平面
Y18.;	
X-15.;	
Y36.;	
X90.;	
Y54.;	
X-15.;	
Y72.;	
X90.;	
Y90.;	
X-15.;	
Y100.;	
X90.;	
G00Z100.;	粗加工表面结束，抬刀
M05;	主轴停
M00;	程序暂停
M03S800T0202;	换精铣刀
G00X-15.Y0.Z10.;	刀具移至起刀点
G00Z-5.;	下刀
G01X90.F50;	精铣平面
G00X-15.Y18.;	
G01X90.;	
G00X-15.Y36.;	
G01X90.;	
G00X-15.Y54.;	
G01X90.;	
G00X-15.Y72.;	
G01X90.;	
G00X-15.Y90.;	
G01X90.;	
G00X-15.Y100.;	
G01X90.;	
G00Z100.;	精加工表面结束，抬刀
M05;	主轴停
M30;	程序结束

项目 3　外轮廓的加工

学习目标

❖ 在数控铣床/加工中心上完成如图 3-33 所示的零件编程与加工。

❖ 学会 G02 和 G03 指令的使用，编制出正确的加工程序。

❖ 掌握刀具补偿功能的内容与指令。

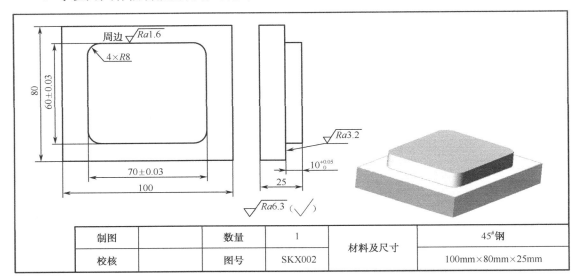

制图		数量	1	材料及尺寸	$45^{\#}$钢
校核		图号	SKX002		100mm×80mm×25mm

图 3-33　零件图样

任务 1　工艺分析

1. 零件图识读

零件外轮廓结构相对简单，其基本尺寸有 R8mm 倒角、（60±0.03）mm、（70±0.03）mm 和轮廓高度$10^{+0.05}_{0}$mm。表面粗糙度值为 $Ra3.2\mu m$、$Ra1.6\mu m$。

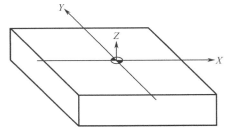

图 3-34　工件坐标原点设置

2. 坐标原点的选择

工件坐标系原点设置上表面对称中心，如图 3-34 所示。刀具加工起点选在距工件上表面 10mm 处。

3. 刀具与加工参数选用

选用 ϕ35mm 的立铣刀一次进给走刀完成，其工艺过程和加工参数见表 3-8。

表 3-8　工艺过程和加工参数

工步内容	选用刀具	刀具号	主轴转速（r/min）	进给速度（mm/min）	
				Z 向	周向
加工外形轮廓	ϕ35mm 立铣刀	T0101	300		100

任务 2　程序编制

1. 编程指令

圆弧进给 G02/G03 指令编程格式为：

G17G02/G03X-Y-R-F-或 G17G02/G03X-Y-I-J-F-;

G18G02/G03X-Z-R-F-或 G17G02/G03X-Z-I-K-F-;

G18G02/G03Y-Z-R-F-或 G17G02/G03Y-Z-J-K-F-;

G17、G18、G19 为平面选择指令。铣床三个坐标轴构成三个平面，见表 3-9 和图 3-35。

表 3-9　坐标平面指令代码

G 代码	平面	垂直坐标轴（在钻、铣削时的长度补偿）
G17	X/Y	Z
G18	Z/X	Y
G19	Y/Z	X

立式铣床和加工中心上加工圆弧与刀具半径补偿平面为 XOY 平面，即 G17 平面，长度补偿方向为 Z 轴方向，且 G17 代码程序启动时生效。

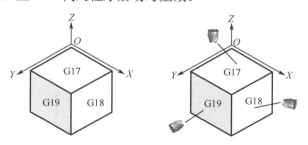

图 3-35　平面与对应 G 代码

G02/G03 指令刀具按顺时针/逆时针进行圆弧加工。其判别方式是在加工平面内根据其插补时的旋转方向来区分的。顺时针和逆时针的判断方法是：观察者逆着垂直于插补平面的第3 轴观看圆弧的运动轨迹，是顺时针转动的为顺时针插补；是逆时针转动的为逆时针插补，如图 3-36 和图 3-37 所示。

I、J、K 为圆心相对于圆弧的增量（等于圆心坐标减去圆弧起点的坐标），在绝对、增量编程时是以增量方式指定。F 为被编程两个轴的合成进给速度。

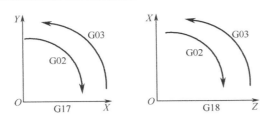
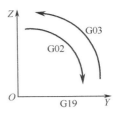

图 3-36　不同平面的 G02 和 G03 选择

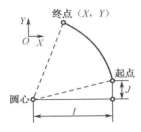
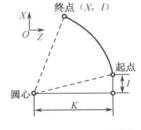
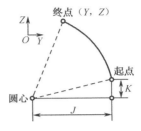

图 3-37　I、J、K 的选择

2. 刀具补偿功能

1）刀具长度补偿

刀具长度补偿使刀具垂直于进给平面偏移一个刀具长度修正值。一般而言，刀具长度补偿对于二坐标和三坐标联动加工是有效的，但对于刀具摆动的四、五坐标联动数控加工，刀具长度补偿则无效，在进行刀位计算时可以不考虑刀具长度，但后置处理计算过程中必须考虑刀具长度。刀具长度补偿在发生作用前，必须先进行刀具参数的设置。设置的方法有机内试切法、机内对刀法、机外对刀法和编程法。有的数控系统补偿的是刀具的实际长度与标准刀具的差，如图 3-38（a）所示。有的数控系统补偿的是刀具相对于相关点的长度，如图 3-38（b）、（c）所示，其中图 3-38（c）是球头刀的情况。

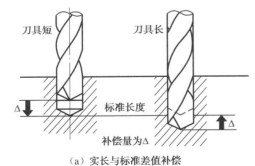
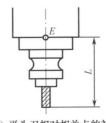
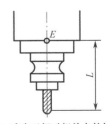

（a）实长与标准差值补偿　　（b）平头刀相对相关点的补偿　　（c）球头刀相对相关点的补偿

图 3-38　刀具长度补偿

（1）刀具长度补偿的建立。刀具长度补偿格式为：G43/G44 Z-H-；或 G43/G44　H-。

根据上述指令，把 Z 轴移动指令的终点位置加上（G43）或减去（G44）补偿存储器设定的补偿值。由于把编程时设定的刀具长度值和实际加工所使用的刀具长度值的差设定在补偿存储器中，故不需变更程序便可以对刀具长度的差进行补偿，这里的补偿又称为偏移。

由 G43、C44 指令指明补偿方向，由 H 代码指定设定在补偿存储器中的补偿量。

（2）补偿方向。G43 表示正方向一侧补偿；G44 表示负方向一侧补偿。无论是绝对值指令还是增量值指令，在 G43 时，程序中 Z 轴移动指令终点的坐标加上用 H 代码指定的补偿量，其最终计算结果的坐标值为终点。补偿值的符号为负时，分别变为反方向。G43、G44 为模态 G 代码，在同一组的其他 G 代码出现之前一直有效。

（3）指定补偿量。由 H 代码指定补偿号。程序中 Z 轴的指令值减去或加上与指定补偿号相对应（设定在补偿量存储器中）的补偿量。补偿量与补偿号相对应，由 CRT/MDI 操作面板预先输入在存储器中。与补偿号 00 即 H00 相对应的补偿量，始终意味着零。不能设定与 H00 相对应的补偿量。

（4）取消刀具长度补偿。指令 G49 或者 H00 取消补偿。一旦设定了 G49 或 H00，立刻取消补偿。

变更补偿号及补偿量时，仅变更新的补偿量，并不把新的补偿量加到旧的补偿量上，例如：

H01…；补偿量 20.0

H02…；补偿量 30.0

G90　G43　Z150.0　H01；Z 方向移到 170.0

G90　G43　Z150.0　H02；Z 方向移到 180.0

2）刀具半径补偿

刀具半径补偿有两种补偿方式，分别称为 B 型刀补和 C 型刀补。B 型刀补在工件轮廓的拐角处用圆弧过渡，这样在外拐角处，由于补偿过程中刀具切削刃始终与工件尖角接触，使工件上尖角变钝，在内拐角处则会引起过切现象。C 型刀补采用了比较复杂的刀偏矢量计算的数学模型，彻底消除了 B 型刀补存在的不足。下面仅讨论 C 型刀补。

（1）刀具半径补偿（G40～G42）。二维刀具半径补偿仅在指定的二维进给平面内进行，进给平面由 G17（XOY 平面）、G18（YOZ 平面）和 G19（ZOX 平面）指定，刀具半径或刀尖半径值则通过调用相应的刀具半径补偿寄存器号码（通常用 D 指定）来取得。

① 刀具半径补偿的目的。在数控铣床上进行轮廓的铣削加工时，由于刀具半径的存在，刀具中心（刀位点或刀心）轨迹和工件轮廓不重合。如果数控系统不具备刀具半径自动补偿功能，则只能按刀心轨迹进行编程，即在编程时给出刀具中心运动轨迹，如图 3-52 所示的点画线轨迹，其计算过程相当复杂，尤其当刀具磨损、重磨或换新刀而使刀具直径变化时，必须重新计算刀心轨迹，修改程序，这样既烦琐，又不易保证加工精度。当数控系统具备刀具半径补偿功能时，数控编程只需按工件轮廓进行，如图 3-39 中的粗实线轨迹，数控系统会自动计算刀心轨迹，使刀具偏离工件轮廓一个半径值，即进行刀具半径补偿。

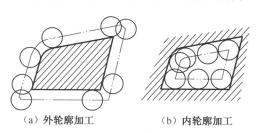

（a）外轮廓加工　　　　　（b）内轮廓加工

图 3-39　刀具半径补偿

② 刀具半径补偿功能的应用。刀具因磨损、重磨或换新刀而引起刀具直径变化后，不必修改程序，只需在刀具参数设置中输入变化后刀具直径。如图 3-40 所示，1 为未磨损刀具，

2 为磨损刀具，两者值不同，只需将刀具参数表中的刀具半径 r_1 改为 r_2，即可适用同一程序。另外，同一程序、同一尺寸的刀具，利用刀具半径补偿，可进行粗精加工。如图 3-41 所示，刀具半径为 r，精加工余量为 Δ。粗加工时，输入刀具直径 $D=2(r+\Delta)$，则加工出细点画线轮廓；精加工时，用同一程序，同一刀具，但输入刀具直径 $D=2r$，则加工出实线轮廓。

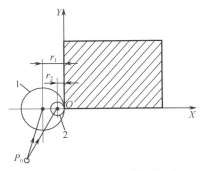

1—未磨损刀具　2—磨损后刀具

图 3-40　刀具直径变化，加工程序不变

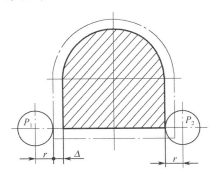

P_1—粗加工刀心位置　P_2—精加工刀心位置

图 3-41　利用刀具半径补偿进行粗精加工

③ 刀具半径补偿方法。铣削加工刀具半径补偿分为刀具半径左补偿（用 G41 定义）和刀具半径右补偿（用 G42 定义）。使用非零的 D## 代码选择正确的刀具半径补偿寄存器号。根据 ISO 标准，当刀具中心轨迹沿前进方向位于零件轮廓右边时称为刀具半径右补偿，反之称为刀具半径左补偿，如图 3-38 所示；当不需要进行刀具半径补偿时，则用 G40 取消刀具半径补偿。根据参数的设定，可用 D 代码指定刀具半径补偿号。G40、G41、G42 后边一般只能跟 G00、G01，而不能跟 G02、G03 等。补偿方向由刀具半径补偿的 G 代码（G41、 G42）和补偿量的符号决定，见表 3-10。

表 3-10　补偿量符号

G 代码	补偿量符号	
	+	−
G41	补偿左侧	补偿右侧
G42	补偿右侧	补偿左侧

如图 3-42 所示，刀具由起刀点以进给速度接近工件，刀具半径补偿方向由 G41（左补偿）或 G42（右补偿）确定而建立刀具半径补偿。

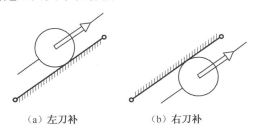

（a）左刀补　　　　　　　　（b）右刀补

图 3-42　刀具半径补偿指令

在刀具半径补偿建立时，一般是直线且为空行程，以防过切，以 G42 指令为例，其各种情况下的刀具半径补偿建立过程如图 3-43 所示。

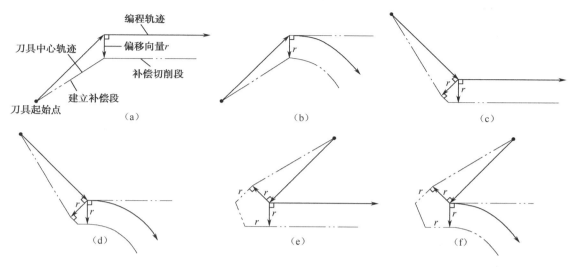

图 3-43　刀具半径补偿的建立过程

各种情况下的刀具半径补偿的运行过程如图 3-44 所示。

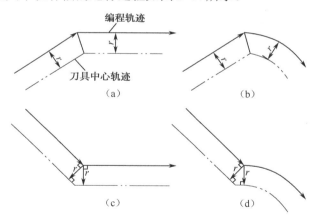

图 3-44　刀具半径补偿的运行过程

当刀具撤离工件，回到退刀点时，取消刀具半径补偿。与建立刀具半径补偿过程类似，退刀点也应位于零件轮廓之外，退出点距离加工零件轮廓较近，可与起刀点相同，也可以不相同。如图 3-45 所示，如果退刀点与起刀点相同，则刀具半径补偿取消过程的命令示例为：

```
N50 G01 X0 Y0;              加工到工件原点
N60 G01 G40 X-10.0 Y-10.0;  取消刀具半径补偿，退回到起刀点
```

N60 的程序也可写成：

```
N60 G01 G41 X-10.0 Y-10.0 D00;
```

或
```
N60 G01 G42 X-10.0 Y-10.0 D00;
```

即 D00 中的补偿量永远为 0。

在取消刀具半径补偿时，同样防止过切现象。

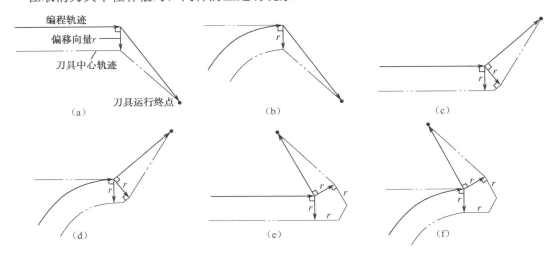

图 3-45　刀具半径补偿的取消

（2）补偿量（D 代码）。补偿量由 CRT/MDI 操作面板设定，与程序中指定的 D 代码后面的数字（补偿号）相对应。补偿号 00，即 D00 相对应的补偿量，始终等于 0。与其他补偿号相对应的补偿量可以设定。

（3）刀具半径补偿量的改变。改变刀具半径补偿量，一般是在补偿取消的状态下重新设定刀具半径补偿量。如果在已补偿的状态下改变补偿量，则程序段的终点是按该程序段所设定的补偿量来计算的，如图 3-46 所示。

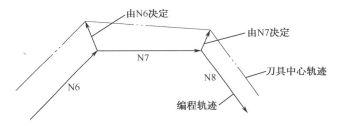

图 3-46　刀具半径补偿量的改变

注意：用 H 或 D 代码指定补偿量的号码，如果是从开始取消补偿方式到刀具半径补偿方式以前，H 或 D 代码在任何地方指定都可以。若进行一次指定后，只要在中途不变更补偿量，则不需要重新指定。

从取消补偿方式移向刀具半径补偿方式时的移动指令，必须是点位（G00）或者是直线（G01）插补，不能用圆弧（G02 或 G03）插补。

从刀具半径补偿方式移向取消补偿方式时的移动指令，必须是点位（G00）或者是直线（G01）插补，不能用圆弧（G02 或 G03）插补。

从左向右或从右向左切换补偿方向时，通常要经过取消补偿方式（具体情况参照数控系统编程说明书）。

3. 程序编制

外轮廓加工参考程序见表 3-11。

表 3-11　外轮廓加工参考程序

程序	说明
O3002;	主程序名
G17G54G90G80G40G49T0101;	设置初始状态
M03S300;	主轴以 300r/min 正转
G00X27.Y-47.5.;	快速定位
G43H01Z10.;	建立刀具长度补偿
M08;	切削液开
G00Z-10.;	刀具移至 Z-10 位置
G41G01X-27.Y-47.5.D01F100;	建立刀具半径补偿
G03X-52.5Y-47.5;	粗加工外轮廓
G01X-52.5Y22.;	
G03X-27.Y47.5;	
G01X27.Y47.5.;	
G03X52.5Y22.;	
G01X52.5Y-22;	
G03X27.Y-47.5.;	
G40G49G00Z150.;	退刀，取消刀具半径补偿
M05M09;	主轴停，切削液关
M30;	程序结束

项目 4　内轮廓的铣削

学习目标

◇ 在数控铣床/加工中心上完成如图 3-47 所示的零件编程与加工。
◇ 掌握子程序的编程方法。
◇ 掌握内型轮廓的加工工艺。

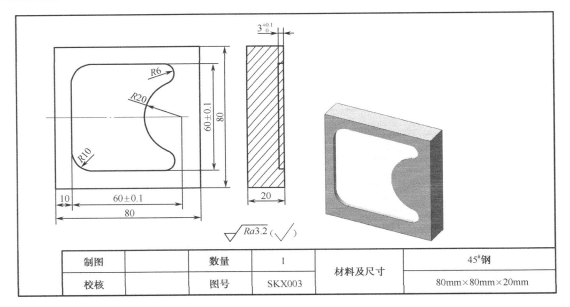

图 3-47　零件图样

制图		数量	1	材料及尺寸	45#钢
校核		图号	SKX003		80mm×80mm×20mm

任务 1　工艺分析

1. 零件图识读

零件由一个曲面内轮廓组成，其基本尺寸有 R20mm、R6mm、R10mm 和槽深 3mm 以及平面内轮廓定位尺寸 10mm 和（60±0.1）mm。表面粗糙度值为 Ra3.2μm。

2. 坐标原点的选择

工件坐标系原点设置上表面对称中心，如图 3-48 所示。刀具加工起点选在距工件上表面 10mm 处。

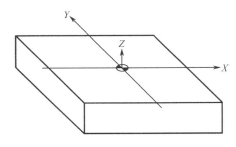

图 3-48　工件坐标原点设置

3. 刀具与加工参数选用

选用 φ35mm 的立铣刀一次进给走刀完成，其工艺过程和加工参数见表 3-12。

表 3-12　工艺过程和加工参数

工步内容	选用刀具	刀具号	主轴转速（r/min）	进给速度（mm/min）	
				Z 向	周向
垂直下刀进给	φ10mm 键槽铣刀	T0101	1000	100	50
粗加工内轮廓					70
精加工内轮廓	φ10mm 立铣刀	T0202	1200	80	70

任务 2　程序编制

1. 子程序的调用和返回

主程序在执行过程中如果需要某一子程序，可以通过调用指令来调用该子程序。系统在子程序执行结束后自动返回主程序，继续执行后面的程序段。子程序的使用可以减少不必要的重复编程，又提高了存储器的利用率。

指令格式：M98 P****　****；

说明：M98 为子程序调用字。

P 后面的前 4 位为重复调用次数，省略时为调用一次；后 4 位为子程序号。

在主程序中通过 M98 指令进行子程序的调用，最多可以调用 9999 次。子程序结束时通过 M99 指令返回主程序。子程序的程序名与程序段的结构和主程序的相同，编辑方法和主程序的相同，如图 3-49 所示。

使用子程序时，应注意主程序中的编程方式可能被子程序所改变。例如，主程序采用 G90 方式编程，而子程序采用 G91 方式编程，则返回主程序时为 G91 编程方式，编程者应根据需要选择相应的编程方式。另外，在主程序调用子程序时，如果需要刀具半径补偿，最好在子程序中引入和取消刀具半径补偿，不要在刀具半径补偿状态下调用子程序，否则，系统可能出现程序出错报警，如图 3-50 所示。

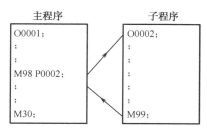

图 3-49　子程序的结构

图 3-50　子程序调用中的半径补偿

2. 程序编制

平面内轮廓加工余量不多，采用环切法并由里向外加工，加工中行距取刀具直径的 50%～90%。内轮廓加工参考程序见表 3-13。

表 3-13 内轮廓加工参考程序

程序	说明
O3003;	主程序名
G90G49G40G80;	设置初始状态
G54M03S1000T0101;	设置加工参数
G00G43.X-10.Y10.Z5.H01;	快速定位
G1Z-2.7F50;	下刀
M98P0301;	调用子程序粗加工轮廓
G00Z100.;	抬刀
M05;	主轴停
M00;	程序暂停换精铣刀具
M03S1200T0202;	
G00G43X0.Y10.Z5.H02;	快速定位
G01X-10.Z-3.F50;	斜坡下刀至 1 点
M98P0301;	调用子程序精加工轮廓
G00Z100.;	抬刀
M02;	程序结束
P0301;	子程序名
G01X-10.Y-10.F70;	
X-17.Y-17.;	
X-1.716;	
G02Y17.R35.;	
G01X-17.;	
Y-17.;	
G41X-30.Y-20.D1;	建立刀具半径补偿
G03X-20.Y-30.R10.;	
G01X20.;	
G03X22.308Y-18.462R6.;	
G02Y18.462R20.;	
G03X20.Y30.R6.;	
G01X-20.;	
G03X-30.Y20.R10.;	
G01Y-20.;	
G40X-10.Y10.;	取消刀补
M99;	子程序结束

项目 5　孔 的 加 工

学习目标

◇ 在数控铣床/加工中心上完成如图 3-51 所示的零件编程与加工。

◇ 了解孔的加工方法，制订孔的加工方案。

◇ 掌握孔的各加工编程指令与编程方法。

◇ 掌握百分表在孔类零件中的对刀方法。

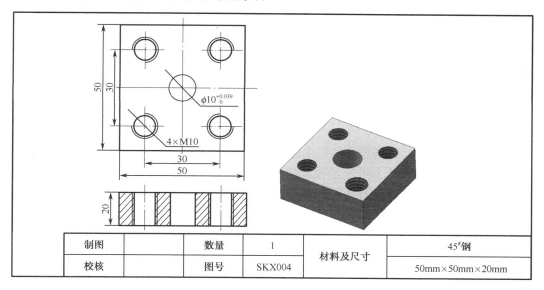

制图		数量	1	材料及尺寸	$45^{\#}$钢
校核		图号	SKX004		50mm×50mm×20mm

图 3-51　零件图样

任务 1　工艺分析

1. 零件图识读

零件为 4 个 M10 内螺纹和一中间通孔，内螺纹间距尺寸为 30mm，深度为 20mm。孔尺寸为 $\phi 10_{\ 0}^{+0.021}$ mm 深 20mm。

2. 坐标原点的选择

工件坐标系原点设置上表面对称中心，如图 3-52 所示。刀具加工起点选在距工件上表面 5mm 处。

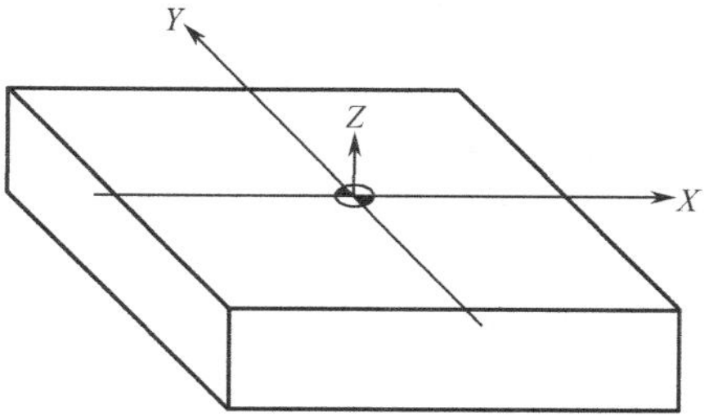

3. 刀具与加工参数选用

零件只要求加工 4 个 M10 内螺纹和中间孔，根据

图 3-52　工件坐标原点设置

加工要求，先选用 A2.5 中心钻钻中心孔，再选用 $\phi8.5$mm 麻花钻钻出螺纹底孔，用 $\phi10$mm 铰刀铰 $\phi10^{+0.021}_{0}$mm 孔至尺寸要求，最后用 M10 丝锥攻出 4 个内螺纹。其工艺过程和加工参数见表 3-14。

表 3-14　工艺过程和加工参数

工步内容	选用刀具	刀具号	主轴转速（r/min）	进给速度（mm/min）	
				Z 向	周向
钻中心孔	A2.5 中心钻	T0101	1000	100	
钻孔	$\phi9.8$mm 麻花钻	T0202	800	100	100
铰孔	$\phi12$mm 铰刀	T0303	100	50	
攻 2×M10 螺纹	M10 丝锥	T0404	100		150

任务 2　程序编制

1. 编程指令

对于工件的孔加工，根据刀具的运动位置可以分为 4 个平面（如图 3-53 所示）：初始平面（点）、R 平面、工件平面和孔底平面。初始平面是为安全操作而设定的刀具平面；R 平面又叫参考平面，这个平面表示刀具从快进转化为工进的转折位置，R 平面距工作表面的距离主要考虑工件表面形状的变化，一般可取 2～5mm；Z 表示孔底平面的位置，加工通孔时刀具伸出工件底孔平面一段距离，保证通孔全部加工到位，钻削盲孔时应考虑钻头钻尖对孔深的影响。

为保证孔加工的质量，有的孔加工固定循环指令需要主轴准停、刀具移位。如图 3-54 所示，表示了在孔加工固定循环中刀具的运动与动作，图中虚线表示快速进给，实线表示切削进给。在孔加工过程中，刀具的运动由 6 个动作组成。

动作 1：快速定位至初始点，X、Y 表示了初始点在初始平面中的位置。

动作 2：快速定位至 R 平面，即刀具自初始点快速进给到 R 平面。

动作 3：孔加工，即以切削进给的方式执行孔加工的动作。

动作 4：在孔底的相应动作，包括暂停、主轴准停、刀具移位等动作。

动作 5：返回到 R 平面，即继续孔加工时刀具返回 R 平面。

动作 6：快速返回到初始平面，即孔加工完成后返回到初始平面。

1）孔加工固定循环指令

编程格式为：

```
G90    G99    G73～G89X-Y-Z-R-Q-K-P-F-L-
G91    G98    G73～G89X-Y-Z-R-Q-P-F-L-
```

（1）G98、G99 为返回平面选择指令。G98 指令表示刀具返回初始平面，G99 指令表示刀具返回到 R 平面。G98 与 G99 指令的区别如图 3-55 所示。

（2）X、Y 指定孔加工的位置，Z 值指定孔底平面的位置，R 指定 R 平面的位置，均与 G90 或 G91 指令的选择有关。

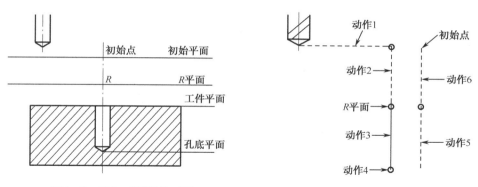

图 3-53　孔加工循环的平面　　　　　　　　图 3-54　固定循环的动作

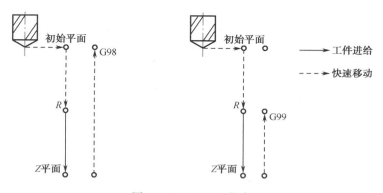

图 3-55　G98/G99 指令

（3）Q 在 G73 或 G93 指令中定义每次进刀加工深度，在 G76 或 G87 指令中定义位移量，Q 值为增量值，与 G90 或 G91 指令的选择无关。

（4）K 在 G73 指令中是指每次工作进给后快速退回的一段距离；在 G83 指令中是指每次退刀后，再由快速进给转换为切削进给时与上次加工面的距离。

（5）P 指定刀具在孔底的暂停时间。

（6）F 指定孔加工切削进给速度，该指令为模态指令，即使取消了固定循环，在其后的加工程序中仍然有效。

（7）L 指定孔加工的重复加工次数，执行一次，即 L1 可以省略；如果程序中选 G90 指令，则在刀具原来孔的位置上重复加工；如果选择 G91 指令，则用一个程序段分布在一条直线上若干个等距孔进行加工；L 指令仅在被指定的程序段中有效。

2）孔加工方式对应的指令

固定循环功能表见表 3-15。

表 3-15　固定循环功能表

指令代码	孔加工工动作（−Z 方向）	底孔动作	返回方式（+Z 方向）	用途
G73	间歇进给	暂停→主轴正转	快速进给	高速深孔往复排屑钻
G74	切削进给	主轴定向停止→刀具移位	切削进给	攻左旋螺纹
G76	切削进给		快速进给	精镗孔

指令代码	孔加工工动作（-Z 方向）	底孔动作	返回方式（+Z 方向）	用途
G80				取消固定循环
G81	切削进给	暂停	快速进给	钻孔
G82	切削进给		快速进给	锪孔、镗阶梯孔
G83	间歇进给		快速进给	深孔往复排屑钻
G85	切削进给		切削进给	精镗孔
G86	切削进给	主轴停止	快速进给	镗孔
G87	切削进给	主轴停止	快速进给	反镗孔
G88	切削进给	暂停→主轴正转	手动操作	镗孔
G89	切削进给	暂停	切削进给	精镗阶梯孔

注：G80 为取消孔加工固定循环指令，如果中间出现了任何 01 组的 G 代码，则孔加工固定循环自动取消。因此，用 01 组的 G 代码取消孔加工固定循环，其效果与用 G80 指令是完全相同的。

如图 3-56（a）所示，选用绝对坐标方式 G90 指令，Z 表示孔底平面相对于坐标原点的距离，R 表示 R 平面相对于原点的距离；如图 3-56（b）所示，选用相对坐标方式 G91 指令，R 表示初始平面至 R 平面的距离，Z 表示 R 点平面至孔底平面的距离。

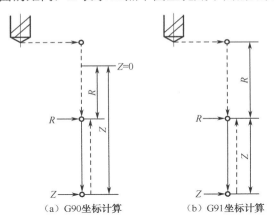

（a）G90坐标计算　　　　　　（b）G91坐标计算

图 3-56　绝对与相对的坐标计算

下面的程序是孔加工固定循环指令的应用。

N10G91G00 X-Y-M03	主轴正转，按增量坐标方式快速定位至指定位置
N20G81X-Y-Z-F-	G81 为钻孔固定循环指令，指定固定循环原始数据
N30Y-	钻削方式与 N20 相同，按 Y-移动后执行 N20 的钻孔动作
N40G82X-P-L-	移动 X-后 G82 固定循环指令，重复执行 L-次
N50G80X-Y-M05	取消孔加工固定循环，除 F 代码外，全部钻削数据被清除
N60G85X-Z-R-P-	G85 为精镗固定循环指令，重新指定固定循环原始数据
N70X-Z-	移动 X-后按 Z-坐标执行 G85 指令，前段 R-仍然有效
N80G89X-Y-	移动 X-Y-后执行 G89 指令，前段的 Z-及 N60 段的 R-P-仍有效
N90G01X-Y-	除 F-外，孔加工方式及孔加工数据全部被清除

3）各种孔加工方式说明

（1）钻孔指令 G81 和锪孔指令 G82。指令编程格式为：

> G81X-Y-Z-R-F-；
> G82X-Y-Z-R-P-F-；

G81 指令常用于普通钻孔，其加工动作如图 3-57 所示，刀具在初始平面已快速定位到指令中指定的 X、Y 坐标位置，再 Z 向快速定位到 R 平面，然后执行切削进给到孔底平面，刀具从孔底平面 Z 向快速退回到 R 平面或初始平面。

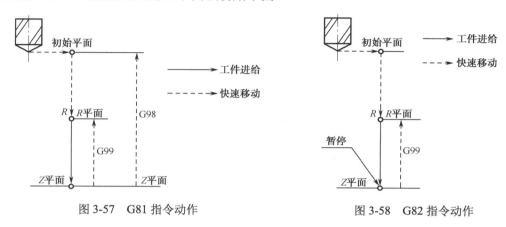

图 3-57　G81 指令动作　　　　　　　　图 3-58　G82 指令动作

G82 指令在孔底增加了进给后的暂停动作，如图 3-58 所示，以提高孔底表面粗糙度质量，该指令常用于锪孔或台阶孔的加工。

注意：若 G82 指令中没有编写关于暂停的 P 参数，则 G82 指令的执行动作与 G81 指令的执行动作相同。

（2）高速深孔往复排屑钻孔指令 G73。G73 指令的编程格式为：

> G73X-Y-Z-R-Q-F-；

G73 用于深孔钻削，孔加工动作如图 3-59 所示，Z 轴方向的间断进给有利于深孔加工过程中的断屑与排屑。图中 Q 为每一次进给的加工深度（增量值且为正值），图中退刀距离 d 由数控系统内部设定。

（3）深孔往复排屑钻孔指令 G83。指令编程格式为：

> G83X-Y-Z-R-Q-F-；

G83 同样用于深孔加工，加工动作如图 3-60 所示，与 G73 指令略有不同的是，每次刀具间歇进给后再退至 R 平面，这种退刀方式排屑畅通，此处的 d 表示刀具间断进给每次下降时由快进转为工进的那一点至前一次切削进给下降的点之间的距离，d 值由数控系统内部设定。这种钻削方式适宜加工深孔。

（4）铰孔循环 G85。指令编程格式为：

> G85X-Y-Z-R-F-；

G85 动作如图 3-61 所示，执行 G85 固定循环时，刀具以切削进给方式加工到孔底，然后以切削进给方式返回到 R 平面。该指令常用于铰孔和扩孔加工，也可用于粗镗孔加工。

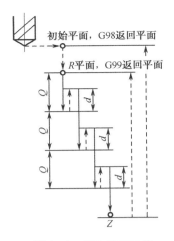

图 3-59 G73 循环动作

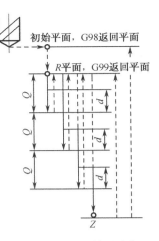

图 3-60 G83 循环动作

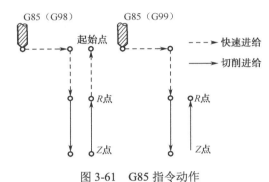

图 3-61 G85 指令动作

（5）粗镗孔循环 G86、G88、G89。指令编程格式为：

    G86X-Y-Z-R-F-;
    G88X-Y-Z-R-P-F-;
    G89X-Y-Z-R-P-F-;

粗镗孔指令动作如图 3-62 所示，在执行 G86 循环时，刀具以切削进给方式加工到孔底，然后主轴停转，刀具快速退到 R 点平面，主轴正转。采用这种方式退刀，刀具在退回过程中容易在工件表面划出条痕，因此该指令常用于与表面粗糙度要求不高的镗孔加工。

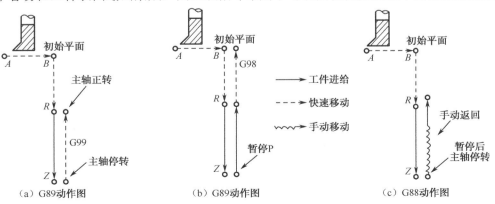

图 3-62 粗镗孔指令动作

G89 动作与 G85 类似，不同的是，G89 动作在孔底增加工暂停，因此该指令常用于阶梯孔的加工。

G88 循环指令较为特殊，刀具以切削进给方式加工到孔底，然后刀具在孔底暂停后主轴停转，这时可通过手动方式从孔中安全退出刀具。这种加工方式虽能提高孔的加工精度，但加工效率较低，因而常在单件加工中采用。

（6）精镗孔循环 G76 与反镗孔循环 G87。指令编程格式为：

G76X-Y-Z-R-Q-P-F-；

G87X-Y-Z-R-Q-F-；

指令动作如图 3-63 所示，在执行 G76 循环时，刀具以切削进给方式加工到孔底，实现主轴准停，刀具以刀尖相反方向移动 Q，使刀具脱离工件表面，保证刀具不擦伤工件表面，然后快速退刀至 R 平面或初始平面，刀具正转。G76 指令主要用于精密镗孔加工。

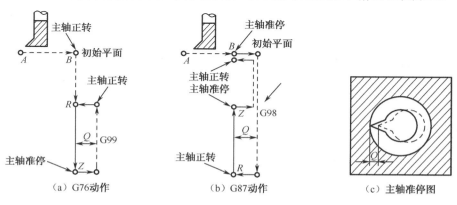

图 3-63　精镗孔指令动作

G87 循环时，刀具在 G17 平面内快速定位后，主轴准停，刀具向刀尖相反方向偏移 Q，然后快速移动到孔底（R 点），在这个位置刀具按原偏移量反向移动相同的 Q 值，主轴正转并以切削进给方式加工到 Z 平面，主轴再次准停，并沿刀尖相反方向偏移 Q，快速提刀至初始平面并按原偏移量返回到 G17 平面的定位点，主轴开始正转，循环结束。由于 G87 循环刀尖不需在孔中经工件表面退出，因此加工表面质量较好，所以该指令常用于精密孔的削加工。

注意：G87 循环不能用 G99 进行编程。另外，采用 G87 和 G76 指令精镗孔时，一定要在加工前验证刀具退刀方向的正确性，以保证刀具沿刀尖的反方向退刀。

（7）攻螺纹指令 G84、G74。指令编程格式为：

G84X-Y-Z-R-P-F-；（右旋螺纹攻螺纹）

G74X-Y-Z-R-P-F-；（左旋螺纹攻螺纹）

指令动作如图 3-64 所示，说明如下。

G74 循环为左旋螺纹攻螺纹循环，用于加工左旋螺纹。执行该循环时，主轴反转，在 G17 平面快速定位后快速移动到 R 点，执行攻螺纹到达孔底后，主轴正转退回到 R 点，完成攻螺纹动作。

G84 与动作与 G74 基本类似，只是 G84 用于加工右旋螺纹。执行该循环时，主轴正转，在 G17 平面快速定位后快速移动到 R 点，执行医疗螺纹到达孔底的，主轴反转退回到 R 点，完成攻螺纹动作。

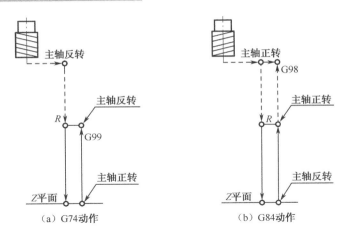

（a）G74动作　　　　　　（b）G84动作

图 3-64　攻螺纹动作

注意： 攻螺纹时进给量 F 的指定，根据不同的进给模式指定，当采用 G94 模式时，进给量 F=导程×转速；当采用 G95 模式时，进给量 F=导程。

在指定 G74 前，应先使主轴反转，另外，G74 与 G84 攻螺纹期间，进给倍率、进给保持均被忽略。

2．程序编制

孔的加工参考程序见表 3-16。

表 3-16　**孔的加工参考程序**

程序	说明
O3004；	
G90G54M03S1000；	建立工件坐标系，调用 1 号刀，主轴以 1000r/min 正转，切削液开
G43Z5.H1M08；	
G00X-15.Y-15.Z5.；	快速定位
G99G82Z-3.R5F100；	
Y15.；	
X15.；	钻中心孔
Y-15.；	
X0.Y0.；	
G80G00Z200.；	抬刀
M09M05M00；	切削液关，主轴停，程序暂停
G43Z5.H2M08；	调用 2 号刀，切削液开
M03S800；	主轴以 800r/min 正转
G90G54G00X-15Y-15.；	快速定位

续表

程序	说明
G99G83Z-23.R5Q3F100;	启动深孔钻钻环，设定进给量，钻第一个孔，快速降到参考点，钻深为−23mm，钻完后返回 *R* 点，*R* 点高度为 5mm。每次退刀后再由快速进给转换为切削进给时，距上次加工面的距离为 0.6mm
Y15.;	钻第二个孔
X15.;	钻第三个孔
Y-15.;	钻第四个孔
X0.Y0.;	钻第五个孔（中心孔）
G80G00Z200.;	取消模态调用，抬刀
M09M05M00;	切削液关，主轴停，程序暂停
G43Z5.H3M08;	调用 3 号刀，切削液开
M03S100;	主轴以 100r/min 正转
G00X0.Y0.;	快速定位
G43Z5.H03;	调用 3 号刀（铰刀）
G99 G81Z-23.R5F50;	铰孔
G80G00Z200.;	取消模态调用，抬刀
M09M05M00;	切削液关，主轴停，程序暂停
M06T0303;	换刀
G90G54G00X-15.Y-15.;	
M03S100;	
G43Z5.H03M08;	
G99G84Z-23.R5F150;	攻丝
Y15.;	
X15.;	
Y-15.;	
G80G00Z200.;	
M09M05;	
M30;	

项目 6　复杂轮廓的铣削

学习目标

◆ 在数控铣床/加工中心上完成如图 3-65 所示的零件编程与加工。

◆ 掌握 G68、G69 指令并能正确使用。

◆ 掌握侧面粗糙度的控制方法。

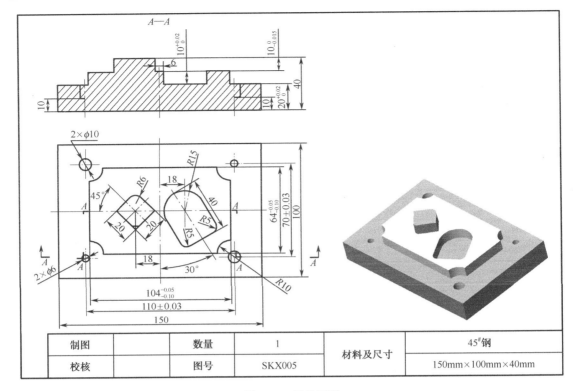

制图		数量	1	材料及尺寸	45#钢
校核		图号	SKX005		150mm×100mm×40mm

图 3-65　零件图样

任务 1　工艺分析

1. 零件图识读

零件加工较为复杂，且加工余量大。需选用多种刀具，从图样中可看出加工的轮廓尺寸有 $64_{-0.10}^{-0.05}$ mm、$104_{-0.10}^{-0.05}$ mm、20mm×20mm、2×R6mm、4×R10mm，定位尺寸有 18mm、45°，深度尺寸有 $10_{-0.015}^{0}$ mm、$20_{0}^{+0.02}$ mm；异形腔的加工尺寸有 40mm、R15mm、2×R5mm，定位尺寸的 18mm、30°，深度尺寸有 $10_{0}^{+0.02}$ mm；孔的加工尺寸有 2×ϕ6mm、2×ϕ10mm，定位尺寸有（70±0.03）mm、（110±0.03）mm，高度尺寸有 2×10mm。

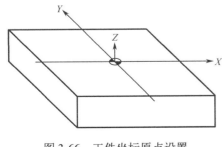

图 3-66　工件坐标原点设置

2. 坐标原点的选择

工件坐标系原点设置上表面对称中心，如图 3-66 所示。刀具加工起点选在距工件上表面 10mm 处。

3. 刀具与加工参数选用

外轮廓 20mm×20mm 和异形腔旋转了固定角度，可使用坐标系旋转指令以简化编程。两个外轮廓的加工余量大,选用 90°面铣刀进行轮廓粗铣和底面的精铣,最后用 ϕ12mm 立铣刀完成轮廓的精加工。异形腔用 ϕ10mm 键槽铣刀加工,R5mm 圆角由刀具自然形成,孔的加工选择用 A4 中心钻预钻中心孔定位再用 ϕ6mm 和 ϕ10mm 键槽铣刀完成 2×ϕ6mm 和 2×ϕ10mm 孔的加工,2×ϕ10mm 孔安排与异形孔一起加工,减少换刀次数。其工艺过程和加工参数见表 3-17。

表 3-17　工艺过程和加工参数

工步内容	选用刀具	刀具号	主轴转速（r/min）	进给速度（mm/min）	
				Z 向	周向
粗加工 20mm×20mm 外轮廓和精加工底面	ϕ50mm 面铣刀（90°）	T0101	600	1000	240
粗加工 104mm×64mm 外轮廓和精加工底面					
半粗、精加工 104mm×64mm 外轮廓	ϕ12mm 立铣刀	T0202	800	1000	150
精加工 20mm×20mm 外轮廓				150	150
钻中心孔	A4 中心钻	T0303	1500	80	
粗加工异形腔和精加工 ϕ10mm 孔	ϕ10mm 键槽铣刀	T0404	800	40	100
精加工异形腔					
ϕ6 孔加工	ϕ6mm 键槽铣刀	T0505	1000	100	

任务 2　程序编制

1. 编程指令

数控系统旋转指令 G68 和 G69 可将编程中描述的走刀路线按旋转中心旋转某一指定角度（或取消）,如图 3-67 所示。

指令编写格式为:

```
G17G68X -Y-R-;  （坐标系旋转开始）
G18G68Z-X-R-;  （坐标系旋转开始）
G19G68Y-Z-R-;  （坐标系旋转开始）
……;       （坐标系旋转方式）
G69;       （坐标系旋转取消）
```

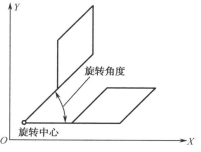

图 3-67　坐标系旋转

在 X-Y 加工平面中,X 和 Y 为旋转中心的坐标值,只能使用直角坐标系绝对定位的方式指定。如果不指定旋转中心,系统以主轴当前所在的位置为旋转中心。

R 为逆时针方向的旋转角度,当 R 为负值时,表示顺时针旋转的角度。不指定时,参数 #5410 中的值被认为是角度位移值。

在 G90 方式下使用 G68 指令时的旋转角度为绝对角度;在 G91 方式下使用 G68 指令时

的旋转角度为上一次旋转角度与当前指令中 R 指令的角度之和，如图 3-68 所示。

在 G68 之后的程序段出现 G91 编程时，旋转中心改为主轴当前的位置，此前由 G90 指令指定的旋转中心无效。

如果需要刀具半径和长度补偿，则在 G68 执行后进行。结束旋转功能必须使用 G69 指令，否则 G68 一直模态有效，且 G69 后的第一个移动指令必须用绝对值指定，否则不能进行正确的移动。

2. 侧面粗糙度的控制

铣键槽时，为保证槽的尺寸，一般用两刃键槽铣刀。凹槽深度的尺寸精度与粗糙度通过 Z 向安排合理的精铣余量，再通过修正程序来控制。对于凹槽两侧的尺寸，可通过加工中修改半径补偿值来保证；而凹槽两侧的表面粗糙度如果要求较高，就需安排合理的走刀路线来保证。在铣削键槽时，铣刀来回走刀两次，保证两侧面都是顺铣的加工方式，使两侧具有相同的表面粗糙度，如图 3-69 所示。

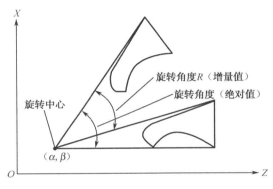

图 3-68　坐标系旋转的角度

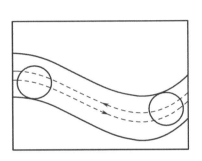

图 3-69　铣削凹槽的走刀路线

3. 程序编制

复杂轮廓的铣削参考程序见表 3-18。

表 3-18　复杂轮廓的铣削参考程序

程序	说明
O3005；	程序名
G17G40G69G54T0101；	准备粗加工 20mm×20mm 外轮廓和精加工底面
G00G90Z50.；	
M03S600；	
X65.Y-80.；	
Z5.；	
G01Z-10.F1000；	实际加工时依次修改加工深度为-3mm、-6mm、-95mm、-10mm 后，重新运行程序

续表

程序	说明
Y80.;	
G68X-18.Y0.0R-45.;	坐标系旋转建立
G01G41X-8. F240;	
Y-10.R6.;	
X-28.;	用自动圆角功能简化编程
Y10.R6.;	
X0.;	
G00Z100.;	
G40X0.Y0.;	
G69;	坐标系旋转取消
G00G90Z50.;	准备粗加工 104mm×64mm 外轮廓和精加工底面
X100.Y80.;	
Z5.;	
G01Z-20.F1000;	实际加工时依次修改加工深度为-13mm、-16mm、-19.5mm、-20mm 后，重新运行程序
G01G41X52. F240;	
Y-32.;	轮廓加工
X55.;	
Y32.;	
X100.;	
G40X100.Y80.;	
G00Z100.;	
T0202 S800;	调用 2 号刀，半粗、精加工 104mm×64mm 外轮廓
X85.Y60.M08;	X、Y 轴定位，切削液开
Z5.;	
G01Z-20.F1000;	
G41X52. F150;	
Y-22.;	轮廓加工
G03X42.Y32.R10.;	
G01X-42.;	
G03X-52.Y-22.R10.;	
G01Y22.;	
G03X-42.Y32.R10.;	

续表

程序	说明
G01X42.;	
G03X52.Y32.I10.J0.;	
G40X80.Y60.;	
G68X-18.Y0.R-45.;	坐标系旋转建立，精加工 20mm×20mm 外轮廓
G00G90X0.Y18.;	X、Y 轴定位
Z5.;	
G01Z-10.F150;	
G01G41X-8. F240;	
Y-10.R6.;	
X-28.;	
Y10.R6.;	
X0.;	
G00Z50.M09；	
G40G00X20.;	
G69;	
T0303S1500;	调用 3 号刀，准备钻中心孔
G00G90Z50.;	
G98G81X55.Y35.Z-25.R-17.F80M08;	固定循环钻中心孔
Y-35.;	
X-55.;	
Y35.;	
G80 M09;	取消固定循环，切削液关
G00Z100.;	
T0404S800;	调用 4 号刀，粗、精加工异形腔和精加工 ϕ10mm 孔
G00G90Z50.;	
Z3.;	
G68X18.Y0.R30.;	
X18.Y0.;	
G01Z-8.F1000;	
Z-20.F40;	实际加工时依次修改加工深度为-13.3mm、-16.6mm、-19.58mm、-20mm 后，重新运行程序
Y-19.;	
G91G41X-6. F100;	

程序	说明
G03X6.Y-.R6.;	*R*6mm 圆弧切入轮廓
G01X15.;	
Y25.;	
G03X-30.R15.;	
G01Y-25.;	
X15.;	
G03X6.Y6.R6.;	*R*6mm 圆弧切出轮廓
G00Z50.;	
G90G01G40X18.Y0.;	
G69;	
M08;	
/G98G81X55.Y-35.Z-30.R-17.F80;	粗加工时，打开控制面板上的跳步开关"/"，不执行ϕ10mm 孔的加工，精加工时关闭跳步开关，执行加工
/X55.Y35.;	
G80M 09;	
G00Z100.;	
T0505S800;	调用 5 号刀，准备加工ϕ6 孔
G00G90Z50.M08;	
G98G81X55.Y35.Z-30.R-17.F80;	
X-55.Y-35.;	
G80M09;	
M05M30;	

项目 7　复杂工件的铣削

学习目标

◇ 在数控铣床/加工中心上完成如图 3-70 所示的零件编程与加工。
◇ 掌握比例缩放指令的编程方法。
◇ 掌握可编程镜像指令的编程与应用。
◇ 了解局部坐标系指令 G52 的应用。

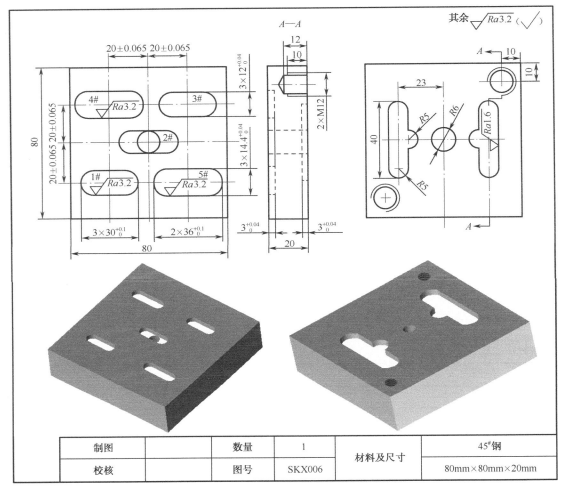

制图		数量	1	材料及尺寸	45#钢
校核		图号	SKX006		80mm×80mm×20mm

图 3-70　零件图样

任务1　工艺分析

1. 零件图识读

零件正面有 5 个深 3mm 的凹槽，1#、2#和 3#槽的宽度与槽长均相同，槽宽为 12mm，槽长为 30mm，4#和 5#槽的尺寸是 1#的 1.2 倍，零件的几何中心有一个 ϕ12mm 的通孔，零件反面两角有两个 M12 螺纹盲孔，中间有两个形状对称的深 3mm 的凹槽。粗糙度要求为 Ra1.6μm。

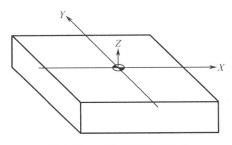

图 3-71　工件坐标原点设置

2. 坐标原点的选择

工件坐标系原点设置上、下底面几何对称中心，如图 3-71 所示。起刀点设在工件坐标系 G54 原点的上方

100mm。

3. 刀具与加工参数选用

轮廓正面上表面铣削采用 ϕ100mm 的端面铣刀，5 个沟槽采用 ϕ8mm 的键槽铣刀，采用 4 中心钻定位，ϕ11.7mm 的麻花钻钻底孔，用 ϕ12H7 铰刀铰孔。轮廓反面也采用 4 中心钻定位，ϕ10.25mm 的麻花钻钻螺纹底孔，M12 机用丝锥攻螺纹。其工艺过程和加工参数见表 3-19。

表 3-19　工艺过程和加工参数

工步内容	选用刀具	刀具号	主轴转速（r/min）	进给速度（mm/min）	
				Z 向	周向
粗铣轮廓上表面	ϕ100mm 端面铣刀	T0101	250		60
精铣轮廓上表面			300		80
粗、精铣 5 个沟槽	ϕ8mm 键槽铣刀	T0202	600		50
钻中心孔	A4 中心钻	T0303	1200	80	
ϕ12 孔加工	ϕ11.7mm 麻花钻	T0404	500	75	
	ϕ12H7 铰刀	T0505	150	50	
翻转粗、精铣削内轮廓	ϕ8mm 键槽铣刀	T0202	800		40
钻中心孔	A4 中心钻	T0303	1200	80	
钻底孔	ϕ10.25mm 麻花钻	T0606	600	90	
攻螺纹	M12 机用丝锥攻	T0707	100	175	

任务 2　程序编制

1. 编程指令

1）比例缩放指令 G51 和 G50

G51 和 G50 指令编程格式如下。

格式一：G51X-Y-Z-P-,；（缩放开始）

　　　　……；（缩放有效，加工程序段被缩放）

　　　　G50；（缩放取消）

格式二：G51X-Y-Z-I-J-K-,；（缩放开始）

　　　　……；（缩放有效，加工程序段被缩放）

　　　　G50；（缩放取消）

G51 指令指定缩放开启，由单独的程序段指定。使用缩放功能可使原编程尺寸按指定比例缩小或放大。使用时既可以指定平面缩放，也可以指定空间缩放。

X、Y 和 Z 为缩放中心的坐标值，且只能以绝对值方式指定。如果不指定，则系统将把刀具当前所在的位置设为比例缩放中心。P 为缩放比例系数，为各轴缩放指定的比例系数，最小输入量为 0.001。在 G51 后，运动指令的坐标值以（X，Y，Z）为缩放中心，按 P 规定的缩放比例进行计算直至出现 G50。如果未指定 P，则参数（No.5411）设定的比例有效。

I、J 和 K 为与 X、Y 和 Z 轴对应的缩放比例系数。在 G51 后使编程的形状以指定的位置为中心，各轴按指定的比例缩放，直至 G50 取消该缩放功能。如果未指定 I、J 和 K，则参数（No.5421）设定的比例有效。参数 P 或 I、J 和 K 的数值设定为 1，则不对相应的轴进行缩放；参数 P 或 I、J 和 K 的数值设定为-1，则对相应的轴进行镜像。

G50 指令指定缩放关闭。在增量值编程中，如果在 G50 后紧跟移动指令，则刀具当前所在的位置为该移动指令进给的起始点。

📖 **注意**：比例缩放对刀具半径补偿、刀具长度补偿和刀具偏置值没有影响。当指定平面沿一个轴执行镜像时，圆弧指令的旋转方向反向，刀具半径补偿 C 的偏置方向反向，旋转坐标系的旋转角度方向反向。

缩放比例系数是指缩放后图形上某一点到缩放中心的距离与缩放前该点到缩放中心距离的比值。根据缩放比例系数的含义不难确定缩放比例的计算方法，计算公式为 $I=a/b$；$J=c/d$ 如图 3-72 所示。

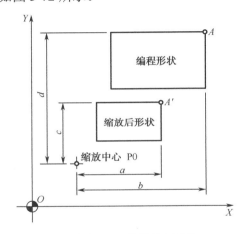

图 3-72 缩放比例系数

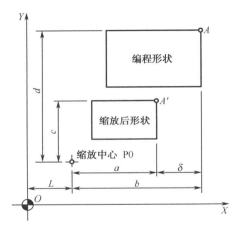

图 3-73 确定缩放中心

若已知缩放比例系数和某一点在缩放前后的尺寸值，便可计算出缩放中心的坐标值，如图 3-76 所示。已知 P 和相关点 A 和 A′之间 X 方向的距离为 δ，则 $P=a/b=(b-\delta)/b$，不难算得 $b=\delta/(1-P)$，缩放中心 P0 的 X 坐标为 $L=X-b=X_A-\delta/(1-P)$。同理，可以算得缩放中心 P0 的 Y 坐标。

比例缩放功能不仅可以用于等比例的图形缩放，也可以用于不等比例的图形缩放。当比例缩放系数 I、J 或 K 设定为负值时，还可以进行镜像。在进行镜像时，半径补偿 G41 与 G42 互换；走刀路径带有圆弧时，G02 与 G03 互换。

2）可编程镜像指令 G51.1 和 G50.1

指令格式为：

```
G51.1X-Y-;  （设置可编程镜像，X，Y 为对称轴的位置）
G50.1 X-Y-;  （取消可编程镜像）
```

格式中的 X 和 Y 用于指定对称轴或对称点。当 G51.1 指令后仅有一个坐标字时，该镜像以某一轴线为镜像轴；当 G51.1 指令后有两个坐标字时，表示该镜像以某一点作为中心对称点进行镜像。如果指定可编程镜像功能，同时又用 CNC 外部形状或 CNC 设置生成镜像，则可编程镜像功能首先执行。CNC 的数据处理顺序是程序镜像到比例缩放到坐标系旋转，应按顺序指定指令，取消时相反。

在指定平面内对某个轴镜像时，G02 与 603 互换，G41 与 G42 互换，CW 与 CCW 互换，如图 3-74 所示。加工镜像工件的程序结构见表 3-20。

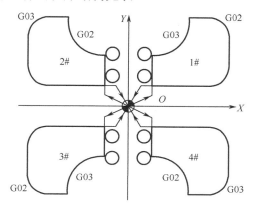

图 3-74　镜像加工示例

表 3-20　加工镜像工件的程序结构

程序	说明
M98P3701;	1#轮廓加工
G51.1X0.;	Y 轴镜像
M98P3701;	2#轮廓加工
G51.1Y0.;	X 轴镜像
M98P3701;	3#轮廓加工
G50.1X0.;	取消 Y 轴镜像
M98P3701;	4#轮廓加工
G50.1Y0.;	取消 X 轴镜像

3）局部坐标系指令 G52

如果图形的走刀路线不便于在工件坐标系中描述，则可在工件坐标系中建立一个局部坐标系来描述图形的走刀路线，以便于编程，减少数值的运算，如图 3-75 所示。

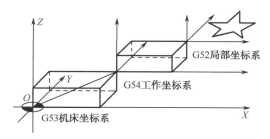

图 3-75　设定局部坐标系

局部坐标系 G52 指令格式为：

G17 G52 X-Y-；（设定局部坐标系）　G17 G52 X0 Y0；（取消局部坐标系）
G18 G52 Z-X-；（设定局部坐标系）　G18 G52 Z0 X0；（取消局部坐标系）
G19 G52 Y-Z-；（设定局部坐标系）　G19 G52 Y0 Z0；（取消局部坐标系）

在 X、Y 平面中，X 和 Y 为局部坐标系的原点设定在工件坐标系中 X 和 Y 指定的位置，用绝对坐标值指定。一旦局部坐标系被设定，以后在 G90 方式下的进给移动的坐标值是该点在局部坐标系中的数值。指定了 G52 后，就消除了刀具半径补偿、刀具长度补偿等，在后续的程序段中必须重新指定刀具半径补偿和刀具长度补偿，否则会发生撞刀或其他现象。

G52 是非模态指令，要变更局部坐标系，同样可用 G52 在工件坐标系中指令新的局部坐标系原点的位置予以实现。在缩放及旋转功能下不能使用 G52 指令，但在 G52 下可以进行缩放及坐标系旋转指令。取消局部坐标系时，可恢复为原来的工件坐标系，使局部坐标系的原点与工件坐标系原点一致。

2. 程序编制

复杂工件的铣削参考程序（正面铣削）见表 3-21。

表 3-21　复杂工件的铣削参考程序（正面铣削）

程序	说明
O3006；	程序名
G15G17G21G40G49G54G69G80G90G94G98；	调用工件坐标系，设定工作环境
T0101M06；	换端面铣刀
S250M30；	
G43G00Z100.H01；	将刀具快速定位到安全高度
X-90.Y0.；	快速定位
Z5.；	
G01Z-0.8F60；	Z 向进刀
X95.；	粗铣上表面
G00Z100.；	抬刀
X0.Y0.；	返回至起刀点
X-90.Y0.；	
Z5.；	
G01Z-1F80；	Z 向进刀精铣（需根据实际厚度修正 Z 值）
X95.；	精铣上表面
G00Z100.；	
X0.Y0.；	
M05M00；	主轴停，程序暂停
T0202M06；	换 2 号刀
M03S600；	
M98P3701；	调用子程序铣 2#沟槽

续表

程序	说明
G52X-20.Y-20.;	设定局部坐标系
M98P3701;	调用子程序铣 1#沟槽
G52X20.Y20.;	
M98P3701;	调用子程序铣 3#沟槽
G52X-20.Y-20.;	
G51X0.Y0.I1.2J1.2K1;	设定比例缩放
M98P3701;	调用子程序铣 4#沟槽
G50;	取消比例缩放
G52X20.Y-20.;	
G51X0.Y0.I1.2J1.2K1;	
M98P3701;	调用子程序铣 5#沟槽
G50;	
G52X0.Y0.;	
G00X0.Y0.;	返回到 G54 原点
M05;	主轴停
T0303M06;	换 3 号刀
M03S1200;	
G00X0.Y0.;	快速下刀
G43G00Z100.H03;	快速定位至初始平面
G98G81X0.Y0.Z-10.R5.F80;	钻中心孔
M05;	
T0404M06;	换 4 号刀
M03S500;	
G00X-70.Y-60.;	
G43G00Z100.H04;	
G98G83X0.Y0.Z-25.R5.Q3.F75;	钻 ϕ11.7mm 孔
M05;	
T0505M06;	换 5 号刀
M03S150;	
G00X-70.Z-60.;	
G43G00Z100.H05;	
G98G85X0.Y0.Z-22.R5.F50;	铰孔
M05;	
M30;	
O3701;	子程序

程序	说明
G43G00Z5.H02；	
X0.Y0.；	
G01Z-3.5F50；	
M98P3702；	
G01Z-4.F50；	
M98P3702；	
G00Z100.；	
M99；	
O3702；	
G03X0.Y6.R6.；	
G01X9.；	
G03Y6.R6.；	
G01X-9.；	
G03Y-6.R6.；	
G01X0.；	
G03X6.Y0.R6.；	
G40G01X0.Y0.；	
M99；	

复杂工件的铣削参考程序（反面铣削）见表 3-22。

表 3-22 复杂工件的铣削参考程序（反面铣削）

程序	说明
O3007；	程序名
G15G17G21G40G49G55G69G80G90G94G98；	调用工件坐标系，设定工作环境
T00202M06；	换键槽铣刀
S800M30；	
G43G00Z100.H02；	将刀具快速定位到安全高度
X0.Y0.；	快速定位
Z5.；	
G65P3703Z-2.5；	粗铣左边内腔槽，深-2.5mm
G51.1X0.；	设定镜像
G65P3703Z-2.5.；	粗铣右边内腔槽，深-2.5mm
G50.1X0.；	取消镜像
G00Z100.；	
Z5.；	

程序	说明
G65P3703Z-3;	精铣左边内腔槽，深-3mm
G51.1X0.;	设定镜像
G65P3703Z-3.;	粗铣右边内腔槽，深-3mm
G50.1X0.;	取消镜像
G00Z100.;	
M05;	
G55T0303M06;	
M03S1200;	
G00X-40.Y-40.;	
G43G00Z100H03;	
G99G81X-30.Y-30.Z-6.R5.F80;	钻中心孔
G98X30.Y30.;	
G00X-40.Y40.;	
M05;	
G55T0606M06;	换 6 号刀
M03S600;	
G00X-40.Y-40.;	
G43G00Z100.H06;	
G99G83X-30.Y-30.Z-15.84R5.Q3.F90;	钻螺纹底孔
G98X30.Y30.;	
G00X-40.Y-40;	
M05;	
G55T0707M06;	换 7 号刀
M03S100;	
G00X-40.Y-40.;	
G43G00Z100.H07;	
G99G84X-30.Y-30.Z-10.R5.P500F175;	攻螺纹
G98X30.Y30.;	
G00X0.Y0.;	
M05;	
M30;	
O3703;	
G00X-23.Y0.;	
G01Z#26F40;	
G41G01Y5.D03;	

程序	说明
G03X-28.Y0.R5.;	
G01Y-15.;	
G03X-18.R5.;	
G01Y-5.;	
G03Y5.R5.;	
G01Y15.;	
G03X-28.R5.;	
G01Y0.;	
G03X-23.Y-5.R5.;	
G40G01Y0.;	
M99;	

项目 8　圆柱面的铣削

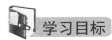学习目标

◇　在数控铣床/加工中心上完成如图 3-76 所示的零件编程与加工。

◇　掌握简单曲面的加工工艺与走刀路线。

◇　掌握 IF GOTO、WHILF DO 和 END 在曲面加工中和使用方法。

◇　掌握 G65、G66 和 G67 指令的使用方法。

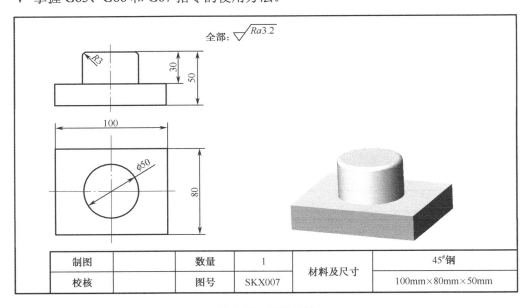

制图		数量	1	材料及尺寸	45#钢
校核		图号	SKX007		100mm×80mm×50mm

图 3-76　零件图样

任务 1 工艺分析

1. 零件图识读

零件底面上有一个 $\phi50$mm 的圆柱，圆柱高为 30mm，圆柱面在上顶面有一个 $R3$ 倒角，粗糙度要求为 $Ra3.2\mu$m。

2. 坐标原点的选择

工件坐标系原点设置在设置上表面几何对称中心，如图 3-77 所示。起刀点设在工件左上角上方 50mm 处。

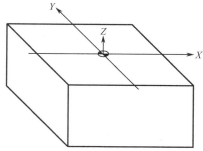

图 3-77 工件坐标原点设置

3. 刀具与加工参数选用

零件采用 $\phi35$mm 立铣刀分六层次递增铣切平面轮廓（切除圆柱面多余余量，圆周留 2mm 精铣余量），再用 $\phi16$mm 的立铣刀再分层铣削圆柱面，然后采用 $\phi10$mm 的球头铣刀进行 $R3$ 倒角。其工艺过程和加工参数见表 3-23。

表 3-23 工艺过程和加工参数

工步内容	选用刀具	刀具号	主轴转速（r/min）	进给速度（mm/min）	
				Z 向	周向
铣平面轮廓	$\phi35$mm 立铣刀	T0101	500		80
铣圆柱面	$\phi16$mm 立铣刀	T0202	800		120
$R3$ 倒角	$\phi10$mm 球头立铣刀	T0303	3000		600

任务 2 程序编制

1. 编程指令

用户宏程序是一组以子程序的形式存储并带有变量的程序，简称宏程序。同子程序一样，宏程序将实现某一特定功能的指令，以子程序的形式存储在系统存储器中，通过宏程序的调用指令来执行这一功能。在 FANUC 系统中，用户宏程序有 A 和 B 两类。0i 系列采用 B 类宏程序。

1）用户宏程序中的变量

（1）变量。在常规的主程序和子程序中，总是将一个具体的数值赋给一个地址。为使程序更具有通用性和灵活性，宏程序设置了变量。与普通的编程语言不同的是，用户宏程序不允许使用变量名。变量用变量符号#和后面的变量号指定，如#1。

表达式可用于指定变量号，但表达式必须在括号里，如#[#1+#2-12]。

变量根据变量号分为 4 种，见表 3-24。

表 3-24　变量类型

变量号	变量类型	功能
#0	空变量	该变量总为空，不能赋值
#1～#33	局部变量	只能用于在宏程序中存储数据。断电时，被初始化为空。调用宏程序时，自变量对局部变量赋值
#100～#199 #500～#999	公共变量	公共变量在不同的宏程序中有不同的意义。断电时，变量#100～#199 被初始化为空，变量#500～#999 的数据保存，即断电也不丢失
#1000	系统变量	用于读/写 CNC 运行时的各种数据，如刀具的当前位置和补偿值

在函数的自变量中，经常用到局部变量和文字变量。在局部变量中，文字变量与数字序号变量有确定的对应关系，见表 3-25。

表 3-25　文字变量与数字序号变量的对应关系

文字变量	数字序号变量	文字变量	数字序号变量	文字变量	数字序号变量
A	#1	I	#4	T	#20
B	#2	J	#5	U	#21
C	#3	K	#6	V	#22
D	#7	M	#13	W	#23
E	#8	Q	#17	X	#24
F	#9	R	#18	Y	#25
H	#11	S	#19	Z	#26

　　注意：文字变量 G、L、N、O 和 P 不能在自变量中使用；不需要的文字变量可省略；在指令中，文字变量一般不不需要按照字母顺序指定，但应符合文字变量的格式，I、J 和 K 的指定需要按字母顺序。

（2）变量的赋值。变量可直接赋值，也可在宏程序的调用中赋值。例如：

　　#100=100.;
　　G65P3001 L5X100.Y100.Z-20.;　（X、Y 和 Z 不表示坐标地址）

赋值后，#24=100.，#25=100.，#26=-20.。

（3）变量的运算，见表 3-26。

表 3-26　变量的运算

功能	格式	备注	功能	格式	备注
定义	#i=#j		平方根	#i=SQRT[#j]	
			绝对值	#i=ABS[#j]	
加法	#i=#j+#k		舍入	#i=ROUND[#j]	
减法	#i=#j-#k		下取整	#i=FIX[#j]	
乘法	#i=#j*#k		上取整	#i=FUP[#j]	
除法	#i=#j/#k		自然对数	#i=LN[#j]	
			指数函数	#i=EXP[#j]	

功能	格式	备注	功能	格式	备注
正弦	#i=sin[#j]		或	#i=#jOR#k	逻辑运算 1 位 1 位地按二进制数执行
反正弦	#i=arcsin[#j]		异或	#i=#jXOR#k	
余弦	#i=cos[#j]	角度以度为单位	与	#i=#jAND#k	
反余弦	#i=arccos[#j]		从 BCD 转为 BIN	#i=BIN[#j]	用于与 PMC 的信号交换
正切	#i=tan[#j]		从 BIN 转为 BCD	#i=BCD[#j]	
反正切	#i=arctan[#j]				

注意：变量可把算术运算和函数运算结合起来一起使用，运算的先后顺序是：带括号的运算优先进行，然后依次是函数运算、乘除运算和加减运算。但包括函数中使用的括号在内，括号在表达式中最多不超过 5 层，如#1=sin[[[#1+#3]*#4+#5]*#6]，否则将出现 P/S 报警 No.118。

2）用户宏程序中的控制指令

控制指令起到控制程序流向的作用，分为无条件转移指令、有条件转移指令和循环指令三种。

（1）无条件转移指令。指令格式为：

GOTO*n*；

GOTO #10；

n 为顺序号（1～9999）；可用表达式指定顺序号。

（2）有条件转移指令。指令格式为：

IF[条件表达式]GOTO*n*；

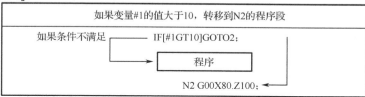

如果条件表达式满足，执行一个预先定义的宏程序语句。

如果#1 和#2 的值相同，0 赋值给#3
IF[#1EQ#2] THEN #=0；

当指定条件不满足时，执行下一个程序段。当指定条件满足时，转移到标有顺序号为 *n* 的程序段，见表 3-27。

表 3-27　运算符号

运算符号	含义	运算符号	含义	运算符号	含义
EQ	等于（=）	LT	小于（<）	GE	大于或等于（≥）
GT	大于（>）	NE	不等于（≠）	LE	小于或等于（≤）

使用有条件转移和无条件转移语句可构成循环的指令结构。

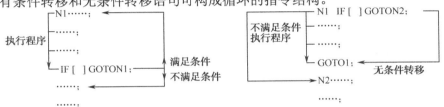

（3）循环指令。指令格式为：

WHILE[条件表达式]式 DO *m*；（*m*=1、2、3）

END　*m*；

当指定的条件满足时，循环执行从 DO 到 END 之间的程序；条件不满足时，执行 END 后的程序段。标号值为 1、2、3，用标号值以外的值会产生 P/S 报警 No.126。WHILE　DO *m* 和 END　*m* 必须成对使用，嵌套不允许超过 3 级。

3）宏程序的格式与调用

宏程序的格式与子程序的完全相同。

格式一：G65Pxxxx Lxxxx；

P 后是要调用的程序名，L 后是重复调用的次数，默认值为 1。

格式二：G66PxxxxLxxxx；

　　G67；

一旦发出 G66 则指定模态调用，即指定沿移动轴移动的程序段后调用宏程序。直至 G67 取消模态调用。

2. 曲面的加工方法

复杂的曲面加工一般通过自动编程来实现，而对于比较简单的曲面可以根据曲面的形状和刀具的形状以及精度的要求，采用不同的铣削方法手工编程加工。在数控铣削中对于不太复杂的空间曲面，使用较多的是两坐标联动的三坐标行切法。

两坐标联动的三坐标行切法又称为二轴半坐标联动，是指在加工中选择 *X*、*Y* 和 *Z* 三坐标轴中任意二轴做联动插补，并沿第三轴作单独的周期进刀的加工方法，如图 3-78 所示。将 *X* 向分成若干段，球头铣刀沿 *YZ* 面所截的曲线进行铣削，每一段加工完成后沿 *X* 轴进给一个行间距Δ*x*，再加工另一条相邻的曲线，如此依次切削即可加工整个曲面。行间距Δ*x* 的选取取决于轮廓表面粗糙度的要求。

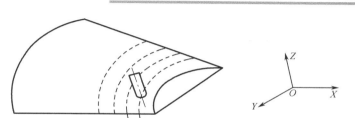

图 3-78 曲面行切法

行切法是指刀具与零件的轮廓的切点轨迹是一行一行的，行间距按照零件加工精度的要求确定。行切法加工有两种走刀路线。在如图 3-79（a）所示的行切法一的加工方案中，每次行切都沿直线加工，刀位点计算简单，程序少，加工过程符合直纹面的形成，可以准确保证母线的直线度。在如图 3-79（b）所示的行切法二的加工方案中，每次行切都沿曲线加工，加工效果符合这类零件数据给出的情况，便于加工后检验，叶形的准确度高，但程序较多。在安排走刀路线时，边界敞开的直纹曲面由于没有其他表面的限制，球头刀应由边界外开始加工。

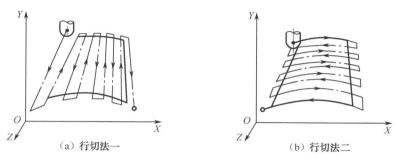

（a）行切法一　　　　　　　　　（b）行切法二

图 3-79 行切法加工曲面

3. 程序编制

圆柱面的铣削参考程序见表 3-28。

表 3-28 圆柱面的铣削参考程序

程序	说明
O3008；	程序名
G90G54G40G49；	加工准备
T0101M03S500；	
G00X-43.5.Y-62.5.Z-50.；	至起刀点
G01Z-5F80；	Z 向进刀
X-43.5Y43.5；	
X43.5Y43.5；	第一刀
X43.5Y-43.5；	

续表

程序	说明
X-43.5Y-43.5；	第一刀
X-62.5；	
Z-10.；	
X-43.5Y43.5；	第二刀
X43.5Y43.5；	
X43.5Y-43.5；	
X-43.5Y-43.5；	
X-62.5；	
Z-15.；	
X-43.5Y43.5；	第三刀
X43.5Y43.5；	
X43.5Y-43.5；	
X-43.5Y-43.5；	
X-62.5；	
Z-20.；	
X-43.5Y43.5；	第四刀
X43.5Y43.5；	
X43.5Y-43.5；	
X-43.5Y-43.5；	
X-62.5；	
Z-25.；	
X-43.5Y43.5；	第五刀
X43.5Y43.5；	
X43.5Y-43.5；	
X-43.5Y-43.5；	
X-62.5；	
Z-30.；	
X-43.5Y43.5；	第六刀
X43.5Y43.5；	
X43.5Y-43.5；	
X-43.5Y-43.5；	
G00Z100.；	
M05；	
T0202M06；	换 2 号刀，准备铣圆柱面
M03S800；	

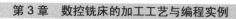

续表

程序	说明
G17G00G90Z50.;	
X60.Y50.;	
G43G00Z0.H02;	
#1=5;	Z 向每层高度
#2=30;	加工高度
WHILE[#1LE#2]DO1;	
G01Z[-#1]F500;	
G41X25.D02F120;	
Y0.;	
G02I-25.;	
G01Y-50.;	
G00G40X60.;	
Y50.;	
#1=#1+5;	
END1;	
G00Z100.;	
M05;	
T0303M06;	换 3 号刀，准备 R3 倒角
M03S3000;	
G000G90Z50.;	
X32.Y30.;	
G43G00Z5.H03;	
#1=0;	初始角度
#2=90;	终止角度
#3=3;	倒角半径
#4=5;	刀具半径
WHILE[#1LE#2]DO1;	循环体开始，判断#1 是否小于等于#2
#5=[#3+#4]*COS[#1]-#3;	计算刀具偏置值
#6=[#3+#4]*SIN[#1]-[#3+#4];	计算 Z 坐标
G01Z#6F600;	
G01L12P1R#5;	
G41D03X25.;	
Y0.;	
G02I-25.;	
G01Y-10.;	

续表

程序	说明
G40X32.;	
Y30.;	
#1=#1+5;	变量计算赋值
END1;	
G00Z100.;	
M05;	
M30;	

项目9 综合训练1

学习目标

❖ 在数控铣床/加工中心上完成如图 3-80 所示的零件编程与加工。

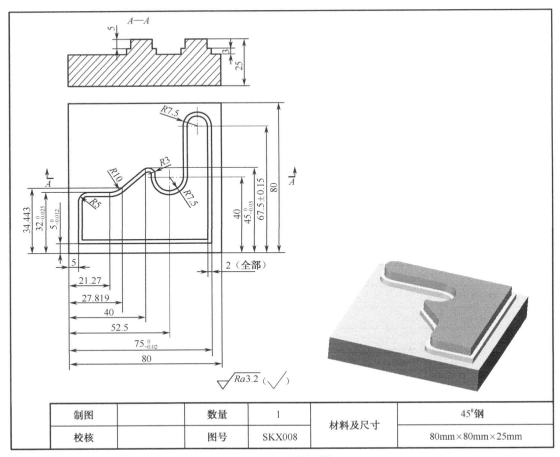

制图		数量	1	材料及尺寸	45#钢
校核		图号	SKX008		80mm×80mm×25mm

图 3-80 零件图样

◇ 巩固、熟练和提高各工艺知识与操作技能。

◇ 掌握综合工件的工艺安排和编程方法。

◇ 正确执行安全技术操作规程。

◇ 能按企业有关文明生产的规定，做到工作场地整洁，工件、工具、量具摆放整齐。

任务 1　工艺分析

1. 零件图识读

从图样中可看出所加工轮廓的尺寸基准是毛坯的左下角，要保证的尺寸有 $5_{-0.012}^{0}$ mm、5mm、$32_{-0.025}^{0}$ mm、$45_{-0.03}^{0}$ mm、（67.5±0.15）mm、$75_{-0.02}^{0}$ mm、40mm、52.5mm，这些尺寸在加工时可直接测量保证；21.27mm、27.819mm、34.443mm、40mm、R3mm、R5mm、2×R7.5mm、R10mm 的尺寸在输入时要保证正确。高度尺寸有 3mm、5mm。

2. 坐标原点的选择

工件坐标系原点设置在工件左角上表面顶点处，如图 3-81 所示；起刀点设在工件坐标系 G54 原点的上方 50mm 处。

3. 刀具与加工参数选用

零件加工上下分布的两个外轮廓图形，下层图形给出了轮廓加工尺寸的精度要求，上层图形轮廓的尺寸在下层图形轮廓尺寸的基础上单向减小了 2mm。因此，把下层轮廓的加工轨迹编写成子程序，加工上层轮廓时减小刀具半径补偿值 2mm，调用该子程序进行加工即可。轮廓最小的内拐角半径是 R7.5mm，选用 ϕ12mm 的立铣刀可满足需要。零件左上角的加工余量按如图 3-82 所示的轨迹用刀具中心编程，粗、精加工进行去除，切削宽度取刀具直径的 0.7 倍，在此为 8mm。其工艺过程和加工参数见表 3-29。

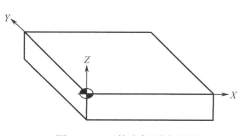

图 3-81　工件坐标原点设置

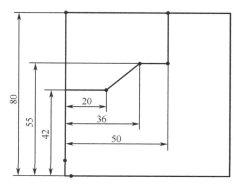

图 3-82　刀具轨迹

表3-29 工艺过程和加工参数

工步内容	选用刀具	刀具号	主轴转速（r/min）	进给速度（mm/min）	
				Z向	周向
粗、精加工左上角平面	φ12mm 立铣刀	T0101	600~800	1000	150
粗加工下层轮廓			600		
精加工下层轮廓			800		1000
加工上层轮廓			1000		

任务2　程序编制

综合训练1铣削加工参考程序见表3-30。

表3-30　综合训练1铣削加工参考程序

程序	说明
O3009;	程序名
G90G54G40G49;	
G00Z50.;	
M03S800;	
X2.Y88.M08;	
Z5.;	
G01Z-8.F1000;	修改Z为-4.0mm、-7.8mm、-8.0mm粗精加工
Y42.;	
X10.;	
Y80.;	
X18.;	
Y45.;	
X26.Y55.;	
Y80.;	
X34.;	
Y55.;	
X42.;	
Y80.;	
X50.;	
Y55.;	
G00Z50M09;	刀具返回安全高度，切削液关
M05;	
M30;	

续表

程序	说明
O3091;	调用"9302"子程序粗精加工下、上层轮廓
G90G54G40G49;	
M03S800;	
G00Z50.;	
X-10.Y-10.M08;	
Z5.;	
G01Z-8.F1000;	粗精加工时,上层轮廓修改 Z 为-4.0mm、-7.8mm、-8.0mm; 下层轮廓修改 Z 为-5.mm
M98P9302;	调用子程序
G00G90Z50.M09;	
M05;	
M30;	主程序结束
O9302;	子程序名
G01G41X5D01F150;	粗、精加工下层轮廓时,D01 为 6.5mm、6.0mm;加工上层 轮廓时,D01 为 4.0mm
Y32.R5.;	用自动拐角功能简化编程
X21.27;	
G03X27.819Y34.443R10.;	
G01X40.Y45.;	
X45.R3.;	用自动拐角功能简化编程
Y40.;	
G03X60.R7.5;	
G01Y67.5;	
G02X75.R7.5;	
G01Y5.;	
X-10.;	
G40X-10.Y-10.;	
G00Z25.;	
M99;	

项目 10　综合训练 2

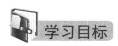 **学习目标**

◇ 在数控铣床/加工中心上完成如图 3-83 所示的零件编程与加工。

◇ 巩固、熟练和提高各工艺知识与操作技能。

◇ 掌握综合工件的工艺安排和编程方法。

◇ 正确执行安全技术操作规程。

◇ 能按企业有关文明生产的规定，做到工作场地整洁，工件、工具、量具摆放整齐。

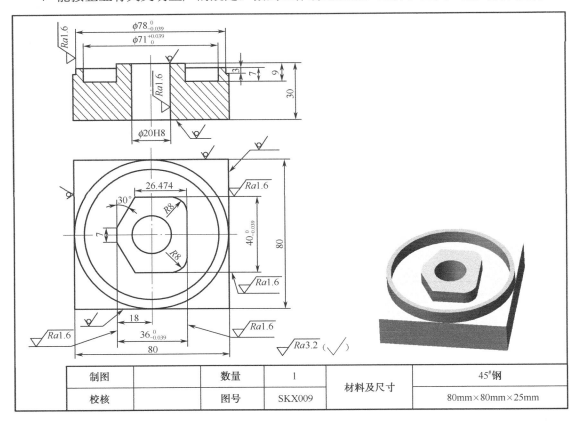

制图		数量	1	材料及尺寸	45#钢
校核		图号	SKX009		80mm×80mm×25mm

图 3-83　零件图样

任务1　工艺分析

1. 零件图识读

零件由一个 $\phi78_{-0.039}^{0}$ mm（$Ra1.6\mu m$）深 3mm 的外圆轮廓、一个 $\phi71_{0}^{+0.039}$ mm（$Ra3.2\mu m$）深 7mm 的内形轮廓、一个高 9mm 的岛屿和一个 $\phi20H8$ 的通孔组成。外部圆环轮廓上表面比内部岛屿的上表面低 2mm，表面的粗糙度值为 $Ra3.2\mu m$。岛屿轮廓尺寸有 $36_{-0.039}^{0}$ mm（$Ra1.6\mu m$）、$40_{-0.039}^{0}$ mm（$Ra1.6\mu m$）、$2\times R8$mm、7mm、30°，其余表面粗糙度为 $Ra3.2\mu m$。孔表面粗糙度值为 $Ra1.6\mu m$。

2．坐标原点的选择

工件坐标系原点设置在工件左角上表面顶点处，如图 3-84 所示；起刀点设在工件坐标系 G54 原点的上方 150mm 处。

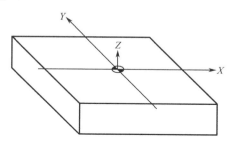

图 3-84　工件坐标原点设置

3．刀具与加工参数选用

根据 ϕ20H8 的精度要求，依次进行中心孔、钻孔、镗孔作为最终加工方法。外圆 ϕ78mm 属于外部岛屿加工，最大加工余量为 18mm 以上，应分粗、精加工。ϕ71mm 圆柱腔与内部岛屿间的最小加工余量为 12mm，最大加工余量在 18mm 左右，可选用 ϕ10mm 铣刀，分别按内外轮廓进行加工。其工艺过程和加工参数见表 3-31。

表 3-31　工艺过程和加工参数

工步内容	选用刀具	刀具号	主轴转速（r/min）	进给速度（mm/min）	
				Z 向	周向
钻中心孔	A2.5 中心钻	T0101	1500	10	
钻孔	ϕ19mm 麻花钻	T0202	500	50	
粗、精铣外圆	ϕ20mm 立铣刀	T0303	500～1000		150～300
铣平面			500		150
粗铣内圆	ϕ10mm 立铣刀	T0404	1000	100	150
粗铣岛屿轮廓			1000	100	150
精铣岛屿轮廓			2000	200	300
精铣内圆			2000	200	300
镗孔	镗孔刀	T0505	2500	125	

任务 2　程序编制

综合训练 2 铣削加工参考程序见表 3-32。

表 3-32 综合训练 2 铣削加工参考程序

程序	说明
O3010；	程序名
G90G54G40G49G80；	
T0101M03S1500；	
G00X0.Y0.；	
G43G00Z50.H01；	建立刀具长度补偿
Z5.；	
G98G81Z-1.R3.F1000；	钻中心孔
G80；	
G49G00Z150.；	
M05；	
T0202M06；	
M03S500；	
G00X0.Y0.；	
G43G00Z50. M08；	
Z5.；	
G98G83Z-35.R3.Q5.F50；	钻孔
G80；	
G00Z150.M009M05；	
T0303M06；	
M03S500；	
G00X-50.Y-50.；	
G43G00Z50.H03；	建立刀具长度补偿
G41G01X-39.Y-50.D03F150；	建立刀具半径补偿
G01Z-5.；	
G01Y0.；	切向进刀
G02X-39.Y0.I39.J0.；	铣外圆
G01Y50.；	切向退刀
G00Z5.；	
G40G00X0.Y0.；	取消刀具半径补偿
G01X-40.Y-50.F150；	
G01Z-2.；	
G01Y0.；	切向进刀
G02X-4.Y0.I40.J0.；	铣平面
G01Y50.；	切向退刀
G00Z5.；	

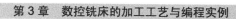

续表

程序	说明
G49G00Z150.M05；	取消刀具长度补偿
T0404M06；	换 4 号刀
M03S1000；	
G00X0.Y0.；	
G43G00Z50.H04；	建立刀具长度补偿
G42G01X29.5Y6.D4F150；	建立刀具半径补偿
G01Z-5.5F100；	
G02X35.5Y0.I0.J6.F150；	切向进刀
G02X35.5Y0.I-35.5J0.；	铣内圆
G02X29.5Y-60.I-6.0J0.；	切向退刀
G00Z150.；	
S1000；	
G00X-23.Y-10.；	
G00Z50.；	
G01X-18.Y-10.；	
G01Z-5.5F100；	
G01Y3.5F150；	铣岛屿轮廓
G01X-8.474Y20.；	
G01X18.R8.；	
G01Y-20.R8.；	
G01X-8.474；	
G01X-20.021Y0.；	
G00Z5.；	
G40G00X0.Y0.；	取消刀具半径补偿
G49G00Z150.M05；	取消刀具长度补偿
T0505M06；	
M03S2500；	
G00X0.Y0.M08；	
G43G00Z50.H05；	建立刀具长度补偿
G98G76X0.Y0.Z-35.R5.Q1.P3000F125；	镗孔
G80M09；	
G49G00Z150.M05；	取消刀具长度补偿
M30；	

项目 11   综合训练 3

❖ 在数控铣床/加工中心上完成如图 3-85 所示的零件编程与加工。
❖ 掌握由圆弧、直线组成的零件的加工工艺的编制方法。
❖ 正确执行安全技术操作规程。
❖ 能按企业有关文明生产的规定，做到工作场地整洁，工件、工具、量具摆放整齐。

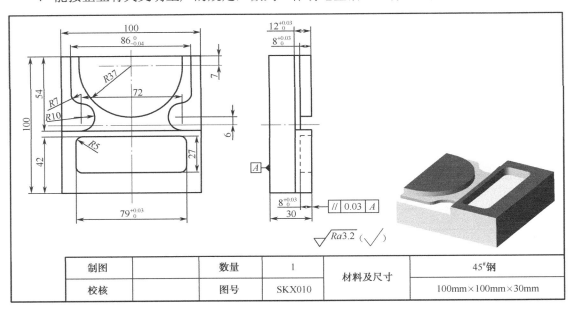

制图		数量	1	材料及尺寸	45#钢
校核		图号	SKX010		100mm×100mm×30mm

图 3-85   零件图样

任务 1   工艺分析

1. 零件图识读

零件由一个内轮廓、两个外轮廓组成。内轮廓尺寸有轮廓尺寸 $4×R5$mm、$79^{+0.03}_{0}$ mm、27mm，高度尺寸 $8^{+0.03}_{0}$ mm、6mm，平行度 0.03mm；外轮廓尺寸有 $R37$mm、$2×R7$mm、$2×R10$mm、54mm、72mm、6mm、86mm，高度尺寸有 $8^{+0.03}_{0}$ mm，全部表面粗糙度值为 $Ra3.2$μm。

2. 坐标原点的选择

工件坐标系原点设置在工件左角上表面顶点处，如图 3-86 所示；起刀点设在工件坐标系 G54 原点的上方 50mm 处。

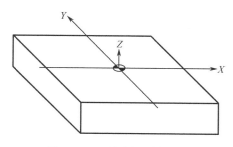

图 3-86　工件坐标原点设置

3. 刀具与加工参数选用

根据图样分析，R37mm 轮廓与 54mm 尺寸之间的最小尺寸为 10mm，选用 ϕ8mm 的立铣刀加工。用 ϕ12mm 立铣刀铣削 54mm 轮廓，再铣削 R37mm 轮廓，然后加工 $12^{+0.03}_{0}$ mm 深外轮廓。内轮廓加工用 ϕ10mm 键槽铣刀，以便垂直进刀。其工艺过程和加工参数见表 3-33。

表 3-33　工艺过程和加工参数

工步内容	选用刀具	刀具号	主轴转速（r/min）	进给速度（mm/min）	
				Z 向	周向
12mm 深外轮廓加工	ϕ12mm 立铣刀	T0101	600～800	1000	150
R37mm 轮廓加工	ϕ8mm 立铣刀	T0202	800～1000	1000	150
内轮廓加工	ϕ10mm 立铣刀	T0303	800～1000	40～120	80～120

任务 2　程序编制

综合训练 3 铣削加工参考程序见表 3-34。

表 3-34　综合训练 3 铣削加工参考程序

程序	说明
O3011;	程序名
G15G54G40G49;	准备粗、精加工 12mm 深外轮廓
G90G00G43Z50.H01;	
M03S800;	
G00X44.Y60.M08;	刀具中心编程
Z5.;	
G01Z-8.F1000;	粗加工时，Z-7.8，去除 R37 轮廓的余量
Y6.F150;	
X36.;	
X56.;	

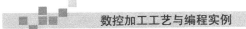
程序	说明
G00Z5.;	
X-44.Y60.;	
G01Z-8.F1000;	
Y6.F150;	
X-36.;	
X-56.;	
Z-12.;	
G41Y-4.D01;	
X-36.;	
G03Y16.R10.;	
G02X-43.Y23.R7.;	
G01Y60.;	
X43.F1000;	定位至右边轮廓
Y23.F150.;	
G02X36.Y16.R7.;	加工右边轮廓
G03Y-4.R10.;	
G01X56.;	
G49G00Z200.;	
M05;	
T0202M06;	换2号刀，准备粗、精加工 R37 轮廓
G00G90Z50.H02;	
M03S800;	
G00X-60.Y60.M08;	
G01Z-8.F1000;	
G01G41Y-4.D02F150;	
X55.;	
Y55.F1000;	
X37.;	
Y43.F150;	
G02X-37.R37.;	
G01Y55.;	
G49G00Z200M09;	
G40G00X0.Y0.M05;	

续表

程序	说明
T0303M06;	换 3 号刀，准备内轮廓加工
G00G90Z50.H03;	
M03S1000;	
G00X34.Y21.5M08;	
G01Z5.F1000;	
Z-8.F120;	
X33.5;	去除加工余量
G91G41D03Y-6.;	
G03X6.Y6.R6.;	
G01Y13.5;	
X-79.;	
Y-27.;	
X79.;	
Y13.5;	
G03X6.Y6.R6.;	
G01G90Z5.F1000;	
G40G90G00X0.Y0.M09;	
G49Z200.M05;	
M30;	

项目 12　综合训练 4

学习目标

◇ 在数控铣床/加工中心上完成如图 3-87 所示的零件编程与加工。

◇ 掌握由圆弧、直线组成的零件的加工工艺的编制方法。

◇ 正确执行安全技术操作规程。

◇ 能按企业有关文明生产的规定，做到工作场地整洁，工件、工具、量具摆放整齐。

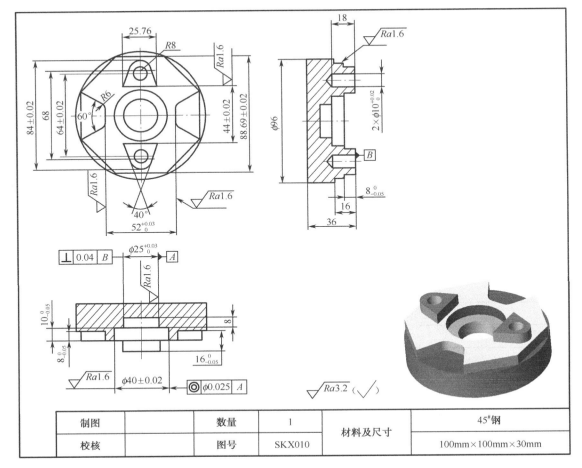

制图		数量	1	材料及尺寸	45#钢
校核		图号	SKX010		100mm×100mm×30mm

图 3-87　零件图样

任务1　工艺分析

1. 零件图识读

从图样中可看出，精度要求保证的尺寸有（44±0.02）mm、（84±0.02）mm、3×（88.69±0.02）mm、$52^{+0.03}_{0}$ mm、$2×8^{0}_{-0.05}$ mm、$16^{0}_{-0.05}$ mm、$2×\phi10^{+0.02}_{0}$ mm、$\phi25^{+0.03}_{0}$ mm、（$\phi40±0.02$）mm、$10^{0}_{-0.05}$ mm，这些尺寸在加工时可直接测量保证；4×R6mm、2×R8mm、2×25.76mm在输入时要保证正确，高度尺寸有 8mm、16mm、18mm。

2. 坐标原点的选择

选择工件中心和上表面作为工件坐标系原点，如图 3-88 所示；起刀点设在工件坐标系G54原点的上方100mm 处。

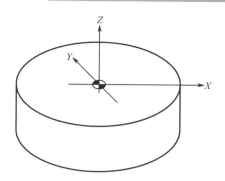

图 3-88　工件坐标原点设置

3. 刀具与加工参数选用

采用 ϕ16mm 立铣刀粗精铣正八边形、ϕ25mm 与 ϕ40mm 孔以及梯形凸台，采用 ϕ10mm 立铣刀粗精铣凹台，A3 中心钻钻中心孔，ϕ9.8mm 麻花钻钻孔，ϕ10H7 铰刀铰孔。其工艺过程和加工参数见表 3-35。

表 3-35　工艺过程和加工参数

工步内容	选用刀具	刀具号	主轴转速（r/min）	进给速度（mm/min）	
				Z 向	周向
粗加工 ϕ25mm、ϕ40mm 孔	ϕ16mm 立铣刀	T0101	600	1000	150
粗加工梯形凸台					
粗加工八边形					
粗加工外轮廓					
粗加工 ϕ25mm、ϕ40mm 孔			800		
精加工梯形凸台					
粗、精加工梯形凹台	ϕ10mm 立铣刀	T0202	800	1000	120
钻中心孔	A3 中心钻	T0303	1500	80	
钻孔	ϕ9.8mm 钻	T0404	1000	100	
铰孔	ϕ10H7 铰刀	T0505	300	50	

任务 2　程序编制

零件外轮廓上一个正八边形，可编写一个正四边形的加工子程序，用从标旋转指令旋转 45° 后调用子程序加工斜向的正四边形，以减少尺寸的计算量。梯形凸台用同样的编程加工，具体编程见表 3-36。

表 3-36　综合训练 4 铣削加工参考程序

程序	说明
O3012;	程序名
G17G40G69G54;	加工准备
G00G90Z100.;	
M03S600;	
X0.Y0.M08;	
G01Z1.F1000;	
G41X12.5D01F150;	粗加工时，D01=8.2；精加工时，D01=8
G03I-12.5Z-4.;	
I-12.5Z-8.;	
I-12.5Z-12.;	
I-12.5Z-16.;	螺旋线插补加工 ϕ25mm 孔
I-12.5Z-20.;	
I-12.5Z-24.;	
I-12.5Z-26.;	
I-12.5;	修平底面
X4.5Y0.I-8.5J0.;	切向切出
G40G01X0.Y0.;	取消刀具半径补偿
G00Z1.;	Z 轴定位
G41G01X20.D01F150;	建立刀具半径补偿
G03I-20.Z-4.;	
I-20.Z-8.;	
I-20.Z-12.;	螺旋线插补加工 ϕ40mm 孔
I-20.Z-16.;	
I-20.Z-18.;	
I-20.;	修平底面
X0.Y0.I-10.J0.;	切向切出
G40G01X0.Y0.;	取消刀具半径补偿
G00G90Z100.;	
M98P1201;	调用子程序 O1201 加工梯形凸台
G68X0.Y0.R180.;	执行坐标系旋转功能
M98P1201;	调用子程序 O1201 加工梯形凸台
G69;	取消坐标系旋转功能

续表

程序	说明
G00 G90Z100.;	
M98P1202;	调用子程序 O1202 加工八边形
G68X0.Y0.R45.;	执行坐标系旋转功能
M98P1202;	调用子程序 O1202 加工八边形
G69;	取消坐标系旋转功能
G00G90Z100.M09;	
M05;	
T0202M06;	换 2 号刀，准备加工梯形凹台
M03S800;	
G00G90Z50.M08;	
M98P1203;	调用子程序 O1203 加工梯形凹台
G68X0.Y0.R180.;	执行坐标系旋转功能
M98P1203;	调用子程序 O1203 加工梯形凹台
G00G90Z100.M09;	
G69;	取消坐标系旋转功能
M05;	
T0303M06;	换 3 号刀（A3 中心钻）
G17G80G40G54;	
M03S1500;	
G00G90Z50.;	
X0.Y32.M08;	
G98G81Z-4.R3.F80;	固定循环钻中心孔
Y-32.;	
G80;	
G00Z100. M09;	
M05;	
T0404M06;	换 4 号刀
M03S1000;	
G00Z50.;	
X0.Y32.M08;	
G98G83Z-20.R3.Q4.F100;	固定循环钻孔
Y-32.;	

续表

程序	说明
G80；	
G00Z100. M09；	
M05；	
T0505M06；	换 5 号刀
M03S300；	
G00G90Z50.；	
X0.Y32.M08；	
G98G81Z-18.5R3.F50；	铰孔
Y-32.；	
G80；	
M09；	
M05；	
M30；	
O1201；	梯形凸台加工子程序
G90G00X44.Y55.M08；	
Z5.；	
G01Z-8.F1000；	粗加工分别修改 Z 为-4.mm、-7.8mm，留 0.2mm 底面精加工余量
Y-45.F150；	
X32.；	
Y55.；	
G41X20.D01F150；	粗加工时，D01=8.2；精加工时，D01=8
Y22.；	
X-12.88；	
X-7.518Y36.736；	加工梯形凸台
G02X7.518R8.；	
G01X12.88Y22.；	
Y-50.；	
G40X50.；	
G00Z5.；	
M99；	子程序结束

续表

程序	说明
O1202;	四边形加工子程序（正八边形）
G90G00X60.Y60.M08;	
Z5.;	
G01Z-16.F1000;	
G41X44.345D01F150;	
Y-44.345;	
X-44.345;	加工四边形
Y44.345;	
X60.;	
G40X60.Y60.;	
G00Z5.;	
M99;	
O1203;	梯形凹台加工子程序
G90G00X60.Y30.M08;	
Z0.;	
G01Z-16.F1000;	粗加工分别修改 Z 为-13.mm、-15.8mm，留 0.2mm 底面精加工余量
G41X44.345D01F120;	粗加工时，D01=5.2；精加工时，D01=5
Y18.372;	
X26.Y7.78R6.;	
Y-7.78R6.;	
X44.345Y-18.372;	
Y-25.;	
G40X60.;	
G00Z5.;	
M99;	

习　题　3

1．数控铣床的坐标系是怎样规定的？

2．在数控铣床中如何判断圆弧插补的方向？

3．在数控铣床中编程时，"T0202M06"与"M06T0202"有何区别？

4．在数控铣床中，刀具补偿有哪几种形式？如何实现？

5. FANUC 数控铣床如何对刀？使用寻边器和 Z 轴设定器对刀同试切对刀相比有何好处？

6. 思考对刀点是否一定和工件原点重合？如何将工件原点设置在下底面中心点上？

7. 上网查询局部坐标系 G52 的相关知识，思考在什么样的情况下使用 G52 比较方便？

8. 能否使用坐标旋转指令 G68 将斜面的加工转化为平面的加工？

9. G98 与 G99 方式下使用钻孔固定循环的走刀路线有何不同以及在什么情况下使用？

10. 在数控编程中如何确定初始平面和 R 平面？

11. 加工如图 3-89 所示零件，其材料为 45# 钢，毛坯尺寸为 80mm×40mm×20mm（要求字深 3mm）。

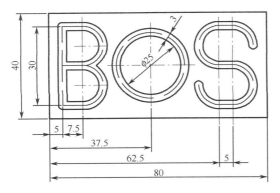

图 3-89

12. 加工如图 3-90 所示零件，其材料为 45# 钢，毛坯尺寸为 150mm×120mm×35mm。

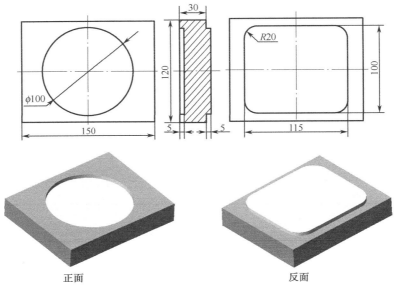

图 3-90

13. 加工如图 3-91 所示零件，其材料为 45# 钢，毛坯尺寸为 100mm×80mm×20mm。

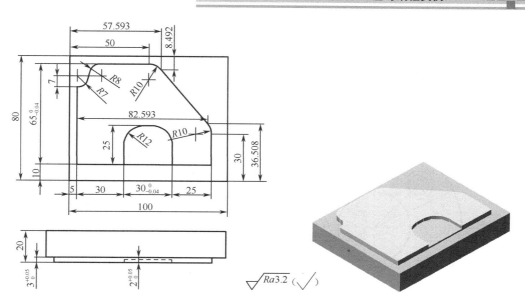

图 3-91

14. 加工如图 3-92 所示零件，其材料为 45# 钢，毛坯尺寸为 100mm×80mm×20mm。

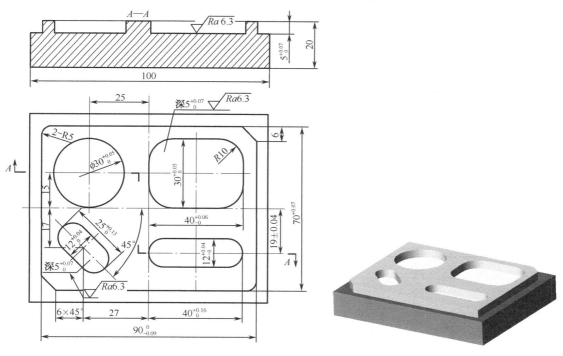

图 3-92

15. 加工如图 3-93 所示零件，其材料为 45# 钢，毛坯尺寸为 φ100mm×20mm。

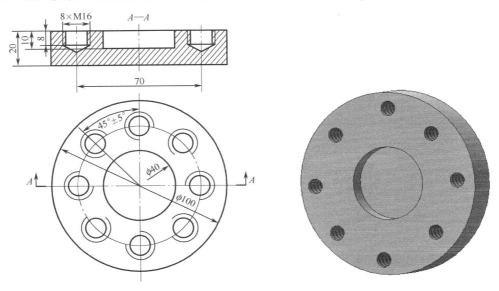

图 3-93

16. 加工如图 3-94 所示零件，其材料为 45# 钢，毛坯尺寸为 100mm×60mm×20mm。

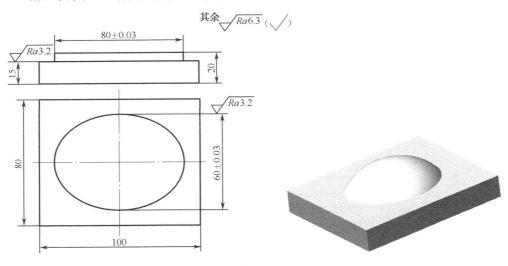

图 3-94

17. 加工如图 3-95 所示零件，其材料为 45# 钢，毛坯尺寸为 80mm×80mm×20mm。

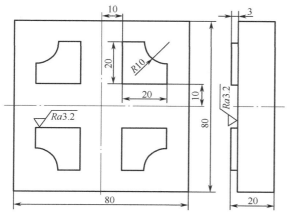

图 3-95

参 考 文 献

[1] 王兵. 图解数控铣工技术快速入门. 上海：上海科学技术出版社，2010.

[2] 王兵. 数控车工技能训练. 北京：外语教学与研究出版社，2011.

[3] 王兵. 数控车工入门. 北京：化学工业出版社，2012.

[4] 王兵. 数控车床编程与操作. 北京：人民邮电出版社，2012.

[5] 王兵. 数控铣床/加工中心操作工入门. 北京：化学工业出版社，2012.

[6] 王兵. 图解数控车工实战 33 例. 北京：化学工业出版社，2014.

[7] 韩鸿鸾，高小林. 数控铣加工中心操作工技能鉴定实战详解. 北京：机械工业出版社，2011.

[8] 苏伟. FANUC 系统数控车工技能训练. 北京：人民邮电出版社，2010.

[9] 韩鸿鸾，张玉东. FANUC 系统数控铣工/加工中心操作工技能训练. 北京：人民邮电出版社，2010.

反侵权盗版声明

电子工业出版社依法对本作品享有专有出版权。任何未经权利人书面许可，复制、销售或通过信息网络传播本作品的行为，歪曲、篡改、剽窃本作品的行为，均违反《中华人民共和国著作权法》，其行为人应承担相应的民事责任和行政责任，构成犯罪的，将被依法追究刑事责任。

为了维护市场秩序，保护权利人的合法权益，我社将依法查处和打击侵权盗版的单位和个人。欢迎社会各界人士积极举报侵权盗版行为，本社将奖励举报有功人员，并保证举报人的信息不被泄露。

举报电话：（010）88254396；（010）88258888

传　　真：（010）88254397

E-mail：　dbqq@phei.com.cn

通信地址：北京市海淀区万寿路 173 信箱

　　　　　电子工业出版社总编办公室

邮　　编：100036